高等职业教育"十三五"规划教材

信息技术基础
——案例与习题（下）

贺丽萍　李　丹　主编
陈永庆　主审

北京理工大学出版社
BEIJING INSTITUTE OF TECHNOLOGY PRESS

内 容 简 介

本书全面介绍了 Office 2010 办公应用的知识。全书分为 4 个项目,其中,项目 1 为 Word 2010 文字处理软件,包括 14 个任务,主要从基本排版方法的介绍,表格以及图表的使用,邮件合并的基本使用方法介绍,图文混排及绘图工具的应用,论文排版、目录生成等方面进行设置。项目 2 为 Excel 2010 电子表格处理软件,包括 14 个任务,主要从工作簿与工作表的相关操作,工作表的编辑与格式处理,数据计算,建立与编辑图表,数据管理和分析,打印与预览等方面进行设置。项目 3 为 PowerPoint 2010 演示文稿软件,包括 8 个任务,主要从演示文稿的创建、编辑和保存,使用母版创建统一风格的演示文稿,幻灯片的打印、放映,以及个性化设置 PowerPoint 等方面进行设置。项目 4 为 Access 2010 数据库软件,包括 2 个任务,主要从使用 Access 2010 创建数据库和数据表,并完成数据表的相关操作,再执行查询等操作方面进行设置。

本书适合作为大专院校和高职高专计算机专业和非计算机专业的教材,同时配有相应任务的微课视频资源,可供广大计算机办公用户学习参考。

图书在版编目(CIP)数据

信息技术基础案例与习题. 下 / 贺丽萍,李丹主编. —北京:北京理工大学出版社,2017.8
(2018.12重印)
ISBN 978-7-5682-4298-1

Ⅰ. ①信⋯　Ⅱ. ①贺⋯ ②李⋯　Ⅲ. ①电子计算机-高等职业教育-教学参考资料
Ⅳ. ①TP3

中国版本图书馆 CIP 数据核字(2017)第 138909 号

出版发行 / 北京理工大学出版社有限责任公司
社　　址 / 北京市海淀区中关村南大街 5 号
邮　　编 / 100081
电　　话 / (010)68914775(总编室)
　　　　　 (010)82562903(教材售后服务热线)
　　　　　 (010)68948351(其他图书服务热线)
网　　址 / http://www.bitpress.com.cn
经　　销 / 全国各地新华书店
印　　刷 / 北京盛彩捷印刷有限公司
开　　本 / 787 毫米×1092 毫米　1/16
印　　张 / 16.5
字　　数 / 385 千字
版　　次 / 2017 年 8 月第 1 版　2018 年 12 月第 2 次印刷
定　　价 / 49.80 元

责任编辑 / 王晓莉
文案编辑 / 王晓莉
责任校对 / 周瑞红
责任印制 / 施胜娟

前　　言

随着我国经济社会信息化程度的提高和信息化基础教育的提升，对于在计算机基础及 Office 办公软件的普及的基础上，熟练掌握 Office 办公软件的操作提出了新的挑战。本教程结合国际范围内广泛认可的课程标准，对实际工作流程中任务的完成过程进行实际训练，运用所学必备知识解决其中的问题，最后通过综合相关知识点的实训来提高授课对象的应用水平。

本书是计算机一线教师根据 GLAD 全球学习与测评发展中心（Global Learning and Assessment Development）的 Information and Communication Technology Programs 计算机综合能力国际认证（简称 ICT 认证标准）精心编写的，本套书包括《信息技术基础教程》（上下册）和《信息技术基础——案例与实训》（上下册），本书为《信息技术基础——案例与实训（下册）》，全书分为 4 个项目，包括 Word 2010 文字处理软件、Excel 2010 电子表格处理软件、PowerPoint 2010 演示文稿软件，以及 Access 2010 数据库软件。每个项目中又包含若干个任务，每个任务都能围绕经常使用的具体实例，紧密联系实际工作进行设计，这样不仅能使读者熟练掌握 Word、Excel、PowerPoint 和 Access 的操作技巧，还可以掌握使用这些软件解决实际问题的技能，对提高读者的工作能力和工作效率具有重要意义。

本书由渤海船舶职业学院组织编写，由贺丽萍、李丹担任主编，陈永庆担任主审。其中，项目 1、项目 3、综合习题由贺丽萍编写；项目 2、项目 4 由李丹编写；全书由贺丽萍统稿。

由于时间仓促，加之水平有限，书中难免有不足之处，敬请广大读者提出宝贵意见和建议。

编　者

2017 年 4 月

目　　录

项目 1　**Word 2010 文字处理软件** ·· 1

　　任务 1　Word 文档的创建与保存 ·· 1

　　任务 2　Word 文档的格式处理 ·· 5

　　任务 3　制作表格 ·· 14

　　任务 4　表格的数据处理 ·· 23

　　任务 5　绘制图形 ·· 30

　　任务 6　杂志排版 ·· 35

　　任务 7　板报制作 ·· 40

　　任务 8　设置页眉、页脚与页码 ·· 43

　　任务 9　制作文档阅读目录 ·· 48

　　任务 10　编辑数学公式 ··· 52

　　任务 11　文档的修订 ··· 55

　　任务 12　邮件合并 ··· 56

　　任务 13　个性化设置 Word 文档 ··· 61

　　任务 14　Word 文档的打印 ·· 71

项目 2　**Excel 2010 电子表格处理软件** ···································· 77

　　任务 1　Excel 文档的创建与保存 ·· 77

　　任务 2　Excel 文档中数据的录入 ·· 84

　　任务 3　Excel 单元格格式的设置 ·· 90

　　任务 4　Excel 表格格式设置 ··· 103

　　任务 5　Excel 公式和函数的使用 ······································· 110

　　任务 6　图表的创建与修改 ··· 117

　　任务 7　图表的格式化 ··· 125

　　任务 8　数据透视表与数据透视图的使用 ································· 138

　　任务 9　数据统计 ··· 152

　　任务 10　数据工具与数据安全性 ·· 162

　　任务 11　宏和窗体控件的应用 ·· 168

　　任务 12　Excel 窗口操作与视图显示 ···································· 177

　　任务 13　Excel 获取外部数据操作 ······································ 183

　　任务 14　Excel 工作表的页面设置及打印 ································ 187

项目 3　**PowerPoint 2010 演示文稿软件** ·································· 197

　　任务 1　演示文稿的创建与保存 ·· 197

　　任务 2　编辑演示文稿 ·· 207

　　任务 3　演示文稿的高级应用 ·· 213

任务 4　使用母版创建统一风格的演示文稿 ·· 219
任务 5　幻灯片的放映 ··· 224
任务 6　自定义放映 ·· 229
任务 7　个性化设置 ·· 231
任务 8　打印演示文稿 ··· 236

项目 4　数据库交互 ·· 241
任务 1　创建数据库 ·· 241
任务 2　创建并执行查询 ··· 244

综合习题 ··· 249
参考文献 ··· 253

项目 1

Word 2010 文字处理软件

【项目描述】Word 2010 是 Microsoft Office 2010 软件包中的一个重要组件，适用于多种文档的编辑排版，如书稿、简历、公文、传真、信件、图文混排和文章等，是人们提高办公质量和办公效率的有效工具。本项目通过 14 个任务的操作，帮助学习者掌握文字处理软件的应用。

【项目分析】本项目主要从基本排版方法，表格以及图表的使用，分节后不同节设置不同页面格式的方法，邮件合并的基本使用方法，图文混排及绘图工具的应用，论文排版、目录生成等方面进行设置。

【相关知识和技能】本项目相关的知识点有：Word 文档的创建与保存；Word 文档的格式处理；表格的制作；表格的数据处理；图形的绘制；批注、脚注、尾注、题注的设置；页眉、页脚与页码的设置；目录的制作；数学公式的编辑；文档的修订；邮件合并以及 Word 文档的打印。

任务 1 Word 文档的创建与保存

【任务目标】通过建立图 1-1 所示的原始文档，编辑后生成图 1-2 所示的文档，熟悉

十五"元宵节"

农历十五元宵节，是中国汉族和部分兄弟民族的传统节日之一，也是汉字文化圈的地区和海外华人的传统节日之一。汉族传统的元宵节始于 2000 多年前的秦朝。汉文帝时下令将十五定为元宵节。汉武帝时，"太一神"的祭祀活动定在十五。（太一：主宰宇宙一切之神）。司马迁创建"太初历"时，就已将元宵节确定为重大节日。正月是农历的元月，古人称夜为"宵"，而十五日又是一年中第一个月圆之夜，所以称十五为元宵节，又称为小正月、元夕或灯节，是春节之后的第一个重要节日。

中国传统节日
新年：正月初一
元宵节：正月十五
上巳节：三月初三
寒食节：清明节前一天
清明节：4 月 5 日前后
端午节：五月初五
七夕节：七月初七
中元节：七月十五
中秋节：八月十五
重阳节：九月初九
寒衣节：十月初一
下元节：十月十五
腊八节：腊月初八
冬至节：12 月 22 日前后
祭灶节：腊月廿三或廿四
除夕：腊月廿九或三十

图 1-1　原始文档

建立新文档，文档录入的方法与技巧，保存文档和文档加密的过程。注意"保存""另存为"的区别。

正月十五"元宵节"

农历正月十五元宵节，又称为"上元节"，上元佳节，是中国汉族和部分兄弟民族的传统节日之一，亦是汉字文化圈的地区和海外华人的传统节日之一。汉族传统的元宵节始于 2000 多年前的秦朝。汉文帝时下令将正月十五定为元宵节。汉武帝时，"太一神"的祭祀活动定在正月十五。（太一：主宰宇宙一切之神）。司马迁创建"太初历"时，就已将元宵节确定为重大节日。正月是农历的元月，古人称夜为"宵"，而正月十五日又是一年中第一个月圆之夜，所以称正月十五为元宵节，又称为小正月、元夕或灯节，是春节之后的第一个重要节日。

中国传统节日
新年：正月初一
元宵节：正月十五
上巳节：三月初三
寒食节：清明节前一天
清明节：4 月 5 日前后
端午节：五月初五
七夕节：七月初七
中元节：七月十五
中秋节：八月十五
重阳节：九月初九
寒衣节：十月初一
下元节：十月十五
腊八节：腊月初八
冬至节：12 月 22 日前后
祭灶节：腊月廿三或廿四
除夕：腊月廿九或三十

图 1-2　编辑后生成的文档

【任务分析】本任务要求利用 word 2010 建立新文档，录入文字，完成文字替换，保存文档，备份文档并加密，最终实现文档的建立。

【知识准备】掌握 Word 文档的建立、文档的录入方法与技巧、文本替换的方法、简单的 Word 编辑、文档的加密等。

【任务实施】

1. 启动 Word 2010

（1）打开"开始"菜单，单击"所有程序"，再单击"Microsoft Office"，最后单击"Microsoft Word 2010"，启动 Microsoft Word 2010，如图 1-3 所示。

（2）系统自动建立一个文件名为"文档 1"的空文档（此文件名为临时文件名）。

2. 在"文档 1"中输入图 1-1 所示的原文内容

（1）在光标处开始输入标题内容，并按"Enter"键两次（标题后插入一空行）。

（2）输入正文第一个自然段，按"Enter"键一次，第一段录入完毕。

（3）插入一空行。

（4）输入"中国传统节日"等内容。

3. 第一次保存文档

（1）打开"文件"菜单，选择"保存"命令，弹出"另存为"对话框，如图 1-4 所示。

图 1-3　启动 Microsoft Word 2010

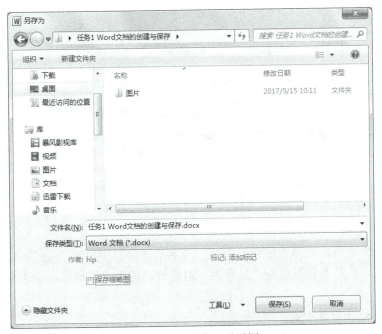

图 1-4　"另存为"对话框

（2）在"另存为"对话框中，注意保存文件的如下要点：

① 保存位置——选定文件要保存的磁盘与文件夹，一般为读者自己建立的文件夹。系统默认为" 这台电脑 ▸ 文档 "文件夹。

② "文件名"组合框——输入文档的永久名称"任务 1 Word 文档的创建与保存.docx"，

默认文件名为文档开始的字符。

③"保存类型"下拉列表框——选定文档的文件类型，默认为 Word 文档。

（3）单击"保存"按钮，即可完成文件的保存。此时 Word 2010 窗口标题变为"任务 1 Word 文档的创建与保存"。

4. 文档内容的编辑与修改

（1）在"农历十五元宵节"后插入文字"又称为'上元节'，上元佳节"。

（2）将"也是汉字文化圈"中的"也"字改为"亦"字。

（3）将文档中第一、二自然段中的所有"十五"替换成"正月十五"。

选中第一、二自然段，选择"开始"选项卡，单击"编辑"组中的"替换"按钮，打开"查找和替换"对话框。

在"查找内容"文本框中输入要查找的内容"十五"，在"替换"文本框输入替换后的内容"正月十五"，如图 1-5 所示。单击"全部替换"命令按钮，则实现全部自动替换，并弹出"……是否搜索文档的其余部分"对话框，如图 1-6 所示，单击"是"，可以继续查找替换其余部分，单击"否"，则结束替换。这里单击"否"，关闭"查找和替换"对话框。

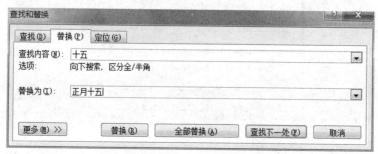

图 1-5 "查找和替换"对话框的"替换"选项卡

图 1-6 "是否搜索文档的其余部分"对话框

5. 再次保存文档

打开"文件"菜单，选择"保存"命令，或单击"保存"按钮" "，将刚才所做的修改保存到文档中，此时不会再出现"另存为"对话框，称为"以原名、原类型、原位置"保存。

6. 为文档做一备份并加密

在文档已保存后，打开"文件"菜单，选择"另存为"菜单项，再次打开"另存为"对话框，选择另一磁盘中的某个文件夹。单击"工具"按钮，选择"常规选项"，弹出"常规选项"对话框，在"打开文件时的密码"框中输入密码，如图 1-7 所示，单击"确定"按钮，弹出"确认密码"对话框，再次输入密码，如图 1-8 所示，单击"确定"，再单击"保存"按钮，完成文件的加密备份。

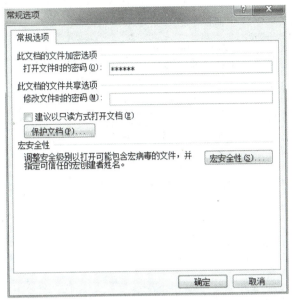

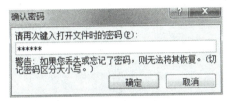

图 1-7　"常规选项"对话框　　　　　图 1-8　"确认密码"对话框

操作技巧

（1）新文档的建立遵循"先录入，后编辑，存盘贯穿始终"的原则。

（2）录入过程中，若某个词汇频繁出现（如 Word 2010），可先用代码代替（如 W10），最后再统一替换，可大大提高录入速度。

（3）对于重要文件要养成做备份的好习惯。

（4）文件命名要能表达文档的内容，便于今后查阅。

（5）在中文输入法已打开，且为中文标点状态下，Shift+6 可输入"……"，按 ▮ 为输入顿号（、）；选择"插入"选项卡，选择"符号"组中的"符号"命令，在下拉菜单中选择"其他符号"命令，可输入更多的中文符号。

（6）在编辑过程中，要善于使用"撤消"（↶）和"恢复"（↷）功能，以更正错误操作。

微课 1-1　Word 文档的创建与保存

（7）在编辑文本时，一般应使系统处于"插入"状态而不是"改写"状态，Word 窗口底部的状态栏左侧有"改写"或"插入"状态按钮，"改写"和"插入"状态可以用单击方式进行切换。

【任务总结】本任务主要练习 Word 2010 的创建与保存、录入文字内容时的方法与技巧，并对文件做了加密处理。

任务 2　Word 文档的格式处理

【任务目标】通过对使用"任务 2 素材.docx"原始文档的编辑，生成图 1-9 所示的文档的过程，进一步掌握文档的页面设置，页边距、页码、字体、首行缩进、着重号、行距、边框和底纹、带格式的选择、大纲级别级文字排序等的设置方法。

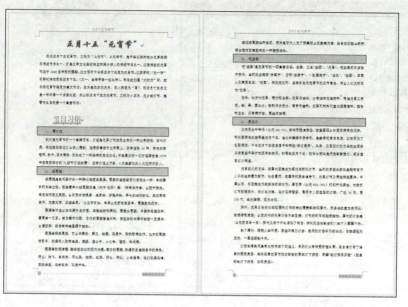

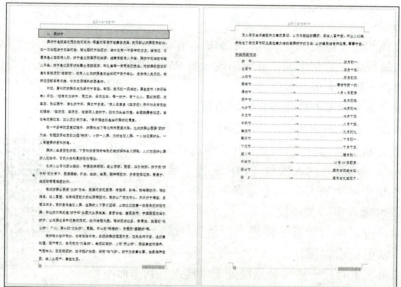

图 1-9　编辑后的样文

【任务分析】本任务要求对已有的文档按照要求进行排版设置，然后保存文档。

【知识准备】掌握页面设置的方法，掌握"文字"对话框的各项设置及功能、"段落"对话框的各项设置及功能，掌握查找和替换的使用方法，掌握页眉页脚的设置方法。

【任务实施】

1. 打开"任务 2 素材.docx"原始文档

2. 设置纸张大小和页边距

纸张大小设置为 A4（21×29.7 厘米），页边距设置为上下边距 2.5 厘米，左右边距 3.5

厘米

（1）选择"页面布局"选项卡，选择"页面设置"组中的"纸张大小"，在下拉菜单中选择"A4（21×29.7 厘米）"。

（2）单击"页边距"，在下拉菜单中选择"自定义边距"，打开"页面设置"对话框，在"页边距"选项卡中将上下边距设为 2.5 厘米，左右边距设为 3.5 厘米，如图 1-10 所示。单击"确定"按钮。

3．设置页眉和页脚

（1）选择"插入"选项卡，单击"页眉和页脚"组中的"页眉"，在下拉菜单中选择"编辑页眉"，启动编辑页眉视图方式，输入"正月十五'元宵节'"，如图 1-11 所示。

（2）选择"设计"选项卡，单击"关闭页眉和页脚"按钮。

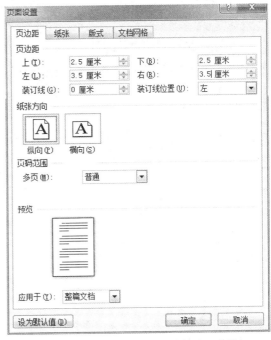

图 1-10　"页面设置"的"页边距"选项卡

（3）选择"插入"选项卡，单击"页眉和页脚"组中的"页脚"，在下拉菜单中选择"编辑页脚"，启动编辑页脚视图方式。

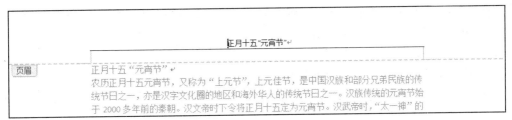

图 1-11　"编辑页眉"视图

操作技巧

页眉或页脚在编辑状态下可以直接切换到相对位置。

（4）单击"页眉和页脚"组中的"页码"，在下拉菜单中选择"设置页码格式"，弹出"页码格式"对话框，在"页码编号"下选中"起始页码"单选按钮，设为 11，如图 1-12 所示，单击"确定"。

（5）单击"页眉和页脚"组中的"页码"，在下拉菜单中选择"当前位置"中的"普通数字 1"。

（6）光标插入页脚右侧，选择"设计"选项卡，单击"插入"组中的"时间和日期"，弹出"日期和时间"对话框，"语言（国家/地区）"选择"中文（中国）"，"可用格式"选择"××××年××月××日"格式，勾选"自动更新"复选框，如图 1-13 所示。编辑页脚如图 1-14 所示。

图 1-12 "页码格式"对话框

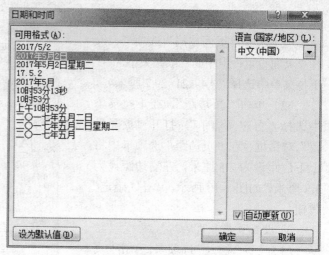

图 1-13 "日期和时间"对话框

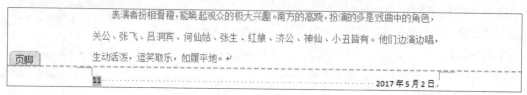

图 1-14 "编辑页脚"视图

（7）选择"设计"选项卡，单击"关闭页眉和页脚"按钮。

操作技巧

如果是多人合作编写文档，通过设置"页码格式"组中的"起始页码"，每个人就可以根据实际情况设置自己文档的起始页码。

4. 设置字体和段落

（1）选中文字"正月十五'元宵节'"，选择"开始"选项卡，在"字体"组中，设置为"华文行楷""一号""加粗"，字体颜色为红色；在"段落"组中选择"居中"，如图 1-15 所示。

图 1-15 "字体"设置

（2）选中文字"中国传统节日"，选择"开始"选项卡，在"样式"组中选择"明显参考"样式。

（3）选中"正月十五'元宵节'"和"中国传统节日"之间的文字，选择"开始"选项卡，单击"段落"组中的右下角" "，弹出"段落"对话框，选择"缩进和间距"选项卡，在"特殊格式"下拉列表中，选择"首行缩进"，磅值为"2 字符"；"行距"选择"1.5 倍行距"，如图 1-16 所示。单击"确定"按钮。

操作技巧

设置字体过程中，也可以使用对话框方式，选中文字"中国传统节日"，选择"开始"选项卡，单击"字体"组中的右下角" "；或在选中的文字上单击鼠标右键，在弹出的菜单中选择"字体"，弹出"字体"对话框并设置，如图1-17所示。

图1-16 "段落"对话框

图1-17 "字体"对话框

5. 设置制表位

（1）选中文字"中国传统节日"后面的所有段落。

（2）选择"开始"选项卡，单击"编辑"组中的"替换"按钮，打开"查找和替换"对话框。在"查找内容"文本框中输入要查找的内容"："；单击"更多"，把光标定位在"替换为"文本框中（图1-18），单击"特殊格式"，选择"制表符"。单击"全部替换"命令按钮，则实现全部自动替换，并弹出"是否搜索文档的其余部分"对话框，单击"否"，则结束替换。单击右上角关闭按钮。

（3）选择"开始"选项卡，单击"段落"组中的右下角" "，弹出"段落"对话框，单击"制表位"按钮，在"制表位"对话框中设置两个制表位，分别为："5字符，左对齐，无前导符"和"36字符，右对齐，第二个样式的前导符"。具体方法如下：在"制表位位置"输入"5"，在"对齐方式"中选择"右对齐"，在"前导符"中选择"2……（2）"，单击"设置"按钮。第二个制表位的设置方法与第一个相同，设置后的"制表位"对话框如图1-19所示。单击"确定"按钮。

（4）选中文字"新年"，选择"开始"选项卡，单击"编辑"组中的"选择"按钮，在下拉菜单中选择"选定所有格式类似的文本（无数据）"；单击"段落"组中的"分散对齐"按钮，弹出"调整宽度"对话框，如图1-20所示，按照默认值，单击"确定"按钮。设置后的文本效果如图1-21所示。

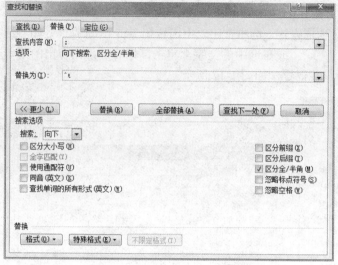

图 1-18 "查找和替换"对话框

图 1-19 "制表位"对话框

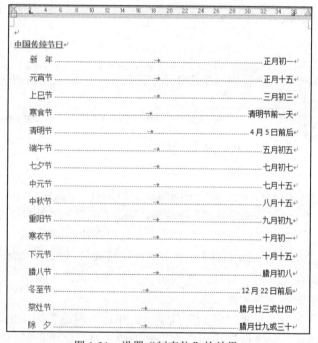

图 1-21 设置"制表位"的效果

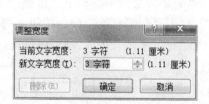

图 1-20 "调整宽度"对话框

6. 设置编号

选中文字"元宵节"，选择"开始"选项卡，单击"编辑"组中的"选择"，在下拉菜单中选择"选定所有格式类似的文本"；单击"段落"组中的"编号 ≡ ·"按钮，即可得到默认的编号格式。设置后的文本效果如图 1-22 所示。

操作技巧

设置"编号"时，选择"开始"选项卡，在"段落"组中单击编号"≡ ·"的下拉箭头，选择相应编号方式，或者选择"定义新编号格式"设置相应选项。

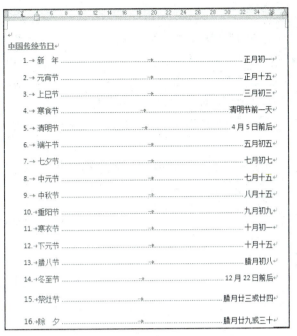

图 1-22　设置"编号"后的文本效果

7. 给"节日习俗"四个字加双下划线和着重号，设置为"宋体""二号""蓝色"

选中"节日习俗"四个字，选择"开始"选项卡，单击"字体"组中的右下角"⌐"，或在选中的文字上单击鼠标右键，在弹出的菜单中选择"字体"，弹出"字体"对话框，在"下划线线型"中选择双下划线，在"着重号"中选择圆点，并且设置为"宋体""二号""蓝色"，如图 1-23 所示。单击"确定"按钮。

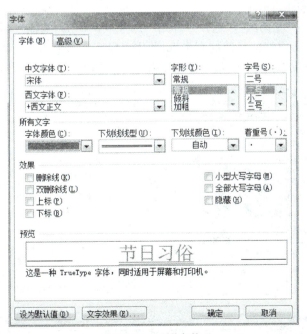

图 1-23　设置字体

8. 设置边框和底纹

（1）选中文字"1. 吃汤圆"，选择"开始"选项卡，在"段落"组中单击"下框线"按钮的右侧下拉箭头，在下拉列表中选择"边框和底纹"，弹出"边框和底纹"对话框，在"边框"选项卡中选择"方框"，如图 1-24 所示。在"底纹"选项卡中的"填充"位置选择"蓝色，强调文字颜色 1，淡色 60%"，如图 1-25 所示，单击"确定"按钮。

（2）选择"开始"选项卡，使用"剪贴板"中的"格式刷"把相应文字设置为与"1. 吃汤圆"相一致。

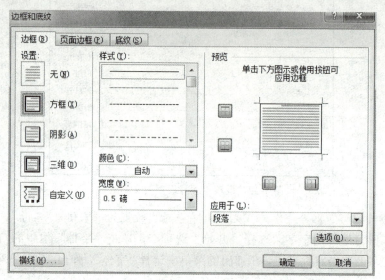

图 1-24　设置边框

9. 对节日习俗按拼音排序

（1）选中文字"1. 吃汤圆"，选择"开始"选项卡，单击"编辑"组中的"选择"，在下拉菜单中选择"选定所有格式类似的文本"；单击"段落"组中的右下角" "，在"大纲级别"中选择"1 级"，如图 1-26 所示，单击"确定"按钮。

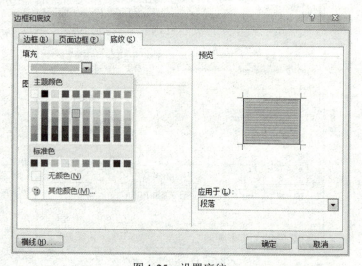

图 1-25　设置底纹

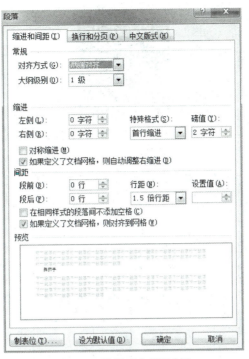

图 1-26　设置"大纲级别"

（2）选择"视图"选项卡，单击"文档视图"组中的"大纲视图"；选择"大纲"选项卡，设置"大纲工具"组中的"显示级别"为"1 级"，效果如图 1-27 所示。

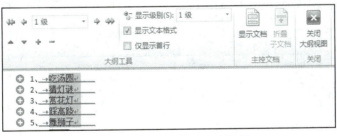

图 1-27　显示"1 级"大纲视图

（3）选中所有文字，选择"开始"选项卡，单击"段落"组中的"排序"，在"排序文字"对话框中的"主要关键字"选择"段落数"，"类型"选择"拼音"，并且按"升序"排序，如图 1-28 所示，单击"确定"按钮。

10. 保存文档

选择"文件"选项卡，选择"保存"命令，将刚才所做修改保存到文档中。

【任务总结】本任务主要练习页面设置的方法，了解"文字"对话框的各项设置及功能、"段落"对话框的各项设置及功能。

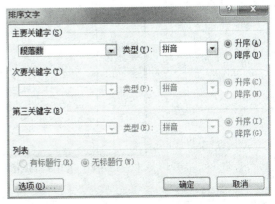

图 1-28　"排序文字"对话框

微课 1-2　Word 文档的格式处理

任务 3　制 作 表 格

【任务目标】

目标 1：制作如图 1-29 所示的表格。

<table>
<tr><td colspan="7" style="text-align:center">篮球俱乐部会员入会申请表</td></tr>
<tr><td>姓名</td><td></td><td>性别</td><td></td><td rowspan="3"></td></tr>
<tr><td>年龄</td><td></td><td>民族</td><td></td></tr>
<tr><td>身份证</td><td></td><td></td><td></td></tr>
<tr><td colspan="6" style="text-align:center">身体情况</td></tr>
<tr><td>身高（厘米）</td><td>体重（公斤）</td><td>特长</td><td>衣码</td><td>鞋码</td><td>健康情况</td></tr>
<tr><td></td><td></td><td></td><td></td><td></td><td></td></tr>
<tr><td colspan="6" style="text-align:center">联系方式</td></tr>
<tr><td>电话</td><td></td><td>微信</td><td></td><td>邮箱</td><td></td></tr>
<tr><td>家庭住址</td><td colspan="5"></td></tr>
<tr><td>参加篮球活动经历</td><td colspan="5"></td></tr>
<tr><td colspan="6">本人同意并履行《篮球俱乐部规程》条款，自愿申请。</td></tr>
<tr><td colspan="6" style="text-align:right">申请人：
年　月　日</td></tr>
</table>

图 1-29　"篮球俱乐部会员入会申请表"效果图

目标 2：使用如图 1-30 所示的素材，转换成图 1-31 所示的表格。

会员号	姓名	性别	身高（厘米）	体重（公斤）	鞋码
001	赵羽丰	男	183	79	43
002	张雅亮	男	185	80	44
003	刘若雨	女	172	55	38
004	张雅静	女	175	61	39
005	赵弈鸣	男	185	81	44
006	孙惠茜	女	188	90	45
007	周依娜	女	169	65	39
008	吴彬彬	男	188	86	44
009	陈欢馨	男	190	88	45
010	杨诗琪	女	176	70	40
011	赵承德	男	190	88	46
012	沈博文	男	189	91	44
013	周玥婷	女	173	69	40
014	王欣妍	女	170	70	39
015	刘浩初	男	188	87	45

图 1-30 "素材"原始文件

篮球俱乐部会员基本信息表

会员号	姓名	性别	身高（厘米）	体重（公斤）	鞋码
001	赵羽丰	男	183	79	43
002	张雅亮	男	185	80	44
003	刘若雨	女	172	55	38
004	张雅静	女	175	61	39
005	赵弈鸣	男	185	81	44
006	孙惠茜	女	188	90	45
007	周依娜	女	169	65	39
008	吴彬彬	男	188	86	44
009	陈欢馨	男	190	88	45
010	杨诗琪	女	176	70	40
011	赵承德	男	190	88	46
012	沈博文	男	189	91	44
013	周玥婷	女	173	69	40
014	王欣妍	女	170	70	39
015	刘浩初	男	188	87	45

图 1-31 转换后的表格

【任务分析】本任务要求完成表格的制作，并且按照要求对已有的文档进行转换，转换为表格，然后进行排版设置，最后保存文档。

【知识准备】掌握制作表格的方法，掌握文字转换为表格的方法，掌握表格属性等的设置方法。

【任务实施】

1. 建立一个新文档，设置标题"篮球俱乐部会员入会申请表"

启动 Word 2010，创建新文档，在文档第一行输入文字"篮球俱乐部会员入会申请表"。并设置为"黑体""二号""居中"，段后 0.5 行。

2. 插入一个 6 列 10 行的表格，并输入数据

（1）选择"插入"选项卡，单击"表格"组中的"表格"按钮，在下拉菜单中选择"插

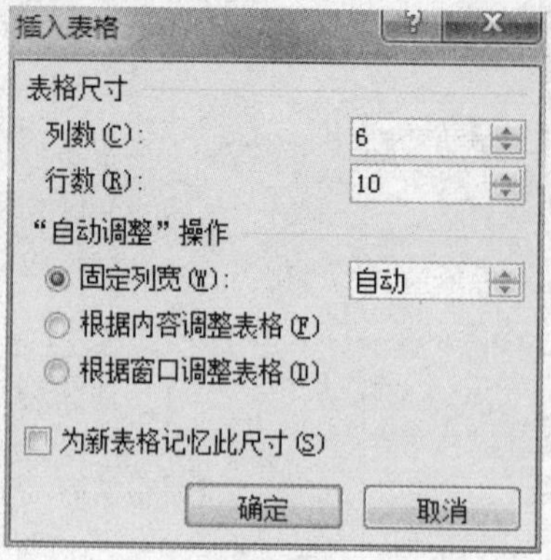

入表格"，打开"插入表格"对话框，将列数设为 6，行数设为10，如图 1-32 所示，单击"确定"按钮，这样就在文档中插入了一张 6 列 10 行的表格。

（2）在表格的相应位置输入数据，如图 1-33 所示。

（3）在表格下面输入文字，如图 1-33 所示。

3. 表格格式设置

（1）合并单元格。选中单元格"贴照片处"以及下面三个连续的单元格，选择"布局"选项卡，单击"合并"组中的"合并单元格"，即把四个单元格合并为一个。用同样的方法分别合并"性别"和"民族"后面的两个单元格、"身份证"后面的四个单元格，把"身体情况"以及后面的四个单元格合并为一个单元格，把"联系方式"以及后面的五个单元格合并为一个单元格，分别合并"家庭住址"和"参加篮球活动经历"后面的五个单元格。合并后如图 1-34 所示。

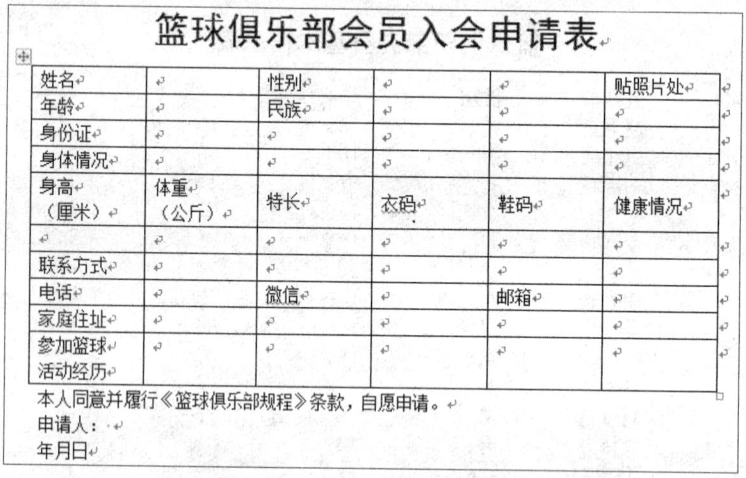

图 1-32 "插入表格"对话框

图 1-33 输入数据后的文档

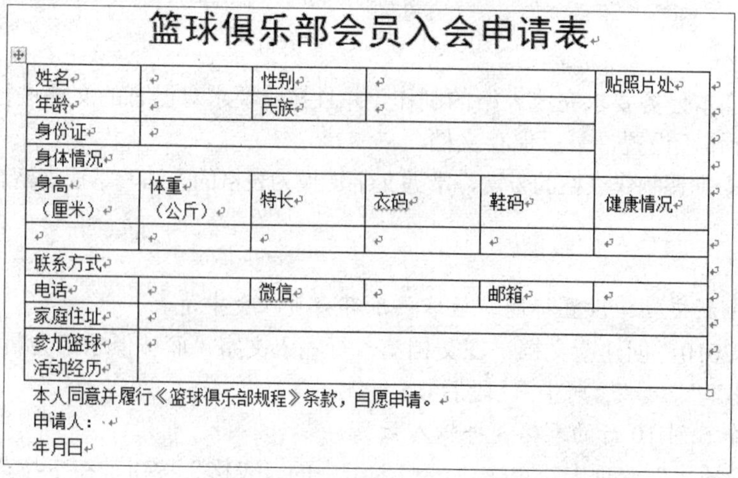

图 1-34 合并单元格后的文档

（2）设置表格字体。单击表格左上方的"⊞"，选中整个表格，选择"开始"选项卡，设置字体为"宋体"，字号为"小四"。

（3）设置单元格格式。选中单元格中的文字，选择"布局"选项卡，单击"对齐方式"组中的"水平居中"。

（4）调整表格大小。光标定位在表格的最下边框上，拖动鼠标，调整单元格大小。拖动表格右下方的"□"，把表格调整为合适的大小。选中前 9 行，选择"布局"选项卡，单击"单元格大

小"组中的"分布行"。选中左上角八个单元格"

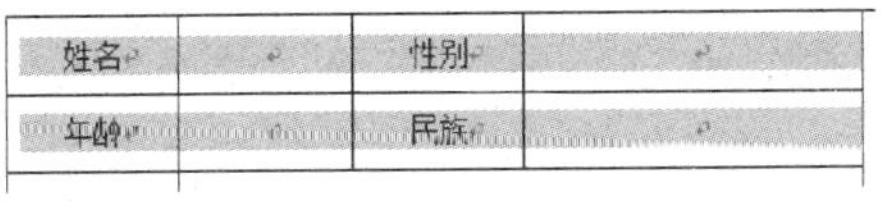

姓名		性别		
年龄		民族		

"，选

择"布局"选项卡，单击"单元格大小"组中的"分布列"。调整"身份证"单元格大小。效果如图 1-35 所示。

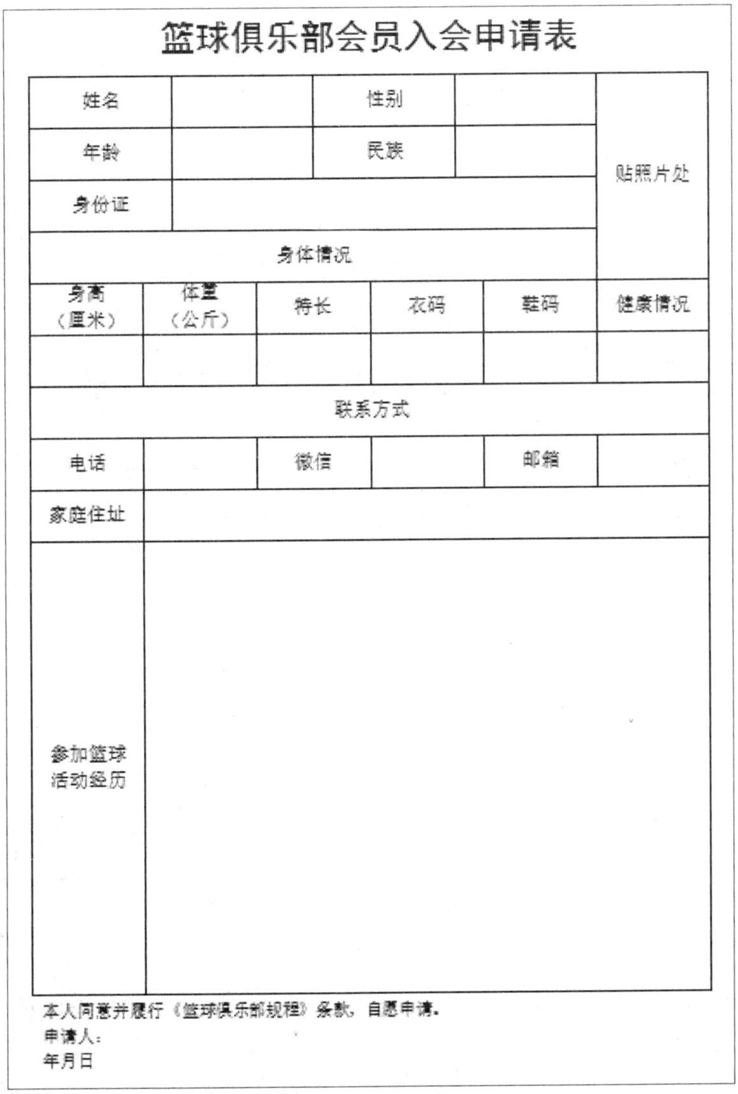

篮球俱乐部会员入会申请表

姓名		性别		贴照片处
年龄		民族		
身份证				
身体情况				
身高（厘米）	体重（公斤）	特长	衣码	鞋码	健康情况
联系方式				
电话		微信		邮箱
家庭住址				
参加篮球活动经历				

本人同意并履行《篮球俱乐部规程》条款，自愿申请。
申请人：
年月日

图 1-35　调整后的文档

（5）拆分单元格。选中"身份证"右边的一个单元格，选择"布局"选项卡，单击"合并"组中的"拆分单元格"，弹出"拆分单元格"对话框，在"列数"中输入"18"，"行数"中输入"1"，如图 1-36 所示，单击"确定"按钮。拆分后的单元格如图 1-37 所示。

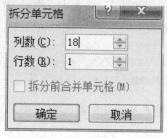

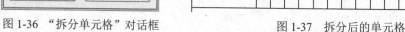

图 1-36 "拆分单元格"对话框　　　　　　图 1-37 拆分后的单元格

（6）设置边框和底纹。选中整个表格，选择"设计"选项卡，单击"表格样式"组中的"边框"，在下拉菜单中选择"边框和底纹"，弹出"边框和底纹"对话框。在"边框和底纹"对话框的"预览框"中去掉表格的外边框，在"样式"中选择"双实线"，在"预览框"中给表格加上外边框，如图 1-38 所示，单击"确定"按钮。

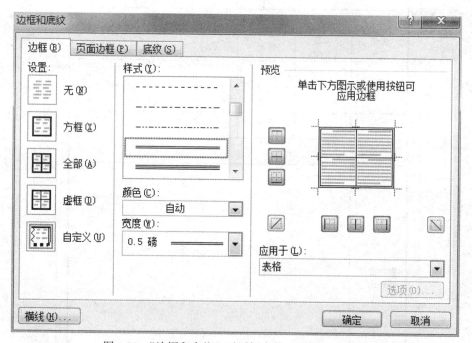

图 1-38 "边框和底纹"对话框中的"边框"选项卡

操作技巧

设置边框时，在"预览"框中可以单击边框线，也可以单击相应的命令按钮进行设置。

（7）选中"身体情况"单元格，选择"设计"选项卡，单击"表格"组中的"底纹"，在列表中选择"白色，背景 1，深色 35%"。用同样的方法设置"联系方式"单元格，效果如图 1-39 所示。

篮球俱乐部会员入会申请表

姓名		性别		贴照片处
年龄		民族		
身份证				
身体情况				

身高（厘米）	体重（公斤）	特长	衣码	鞋码	健康情况
联系方式					

电话		微信		邮箱	
家庭住址					

图 1-39   设置边框和底纹后的效果图

（8）插入"图片内容控件"。删除文字"贴照片处"，选择"开发工具"选项卡，单击"控件"组中的"图片内容控件"，在相应位置即可插入"图片内容控件"，调整大小，效果如图 1-40 所示。

篮球俱乐部会员入会申请表

姓名		性别		
年龄		民族		
身份证				
身体情况				

图 1-40   插入"图片内容控件"效果图

操作技巧

如果找不到"开发工具"选项卡，单击"文件"菜单，选择"Word 选项"菜单项，再选择"自定义功能区"，勾选"开发工具"复选框，如图 1-41 所示。

（9）设置表格下方文字格式："宋体""小四"，段前段后"0.5"行，"申请人"和日期右对齐，调整格式。

图 1-41 "Word 选项"对话框中设置"开发工具"

4. 文本转换为表格

（1）打开"任务 3 素材.docx"原始文档。

（2）选中图 1-30 中的全部内容，选择"插入"选项卡，单击"表格"组中的"表格"按钮，在下拉菜单中选择"文本转换成表格"，打开"将文字转换成表格"对话框，将列数设为6；"'自动调整'操作"设置为固定列宽，大小为"自动"；选中单选按钮"文字分隔位置"中的"制表符"，如图 1-42 所示，单击"确定"按钮，这样就把文字转换成了表格，效果如图 1-43 所示。

微课 1-3 制作表格

（3）输入表格标题。光标定位在第一行第一列文字"会员号"前，按回车键，即在表格上方出现一空行，输入文字"篮球俱乐部会员基本信息表"，设置格式为"黑体""二号"，段后"0.5 磅"，"居中"，效果如图 1-44 所示。

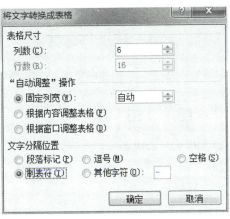

图 1-42　"将文字转换成表格"对话框

会员号	姓名	性别	身高(厘米)	体重(公斤)	鞋码
001	赵羽圭	男	183	79	43
002	张雅亮	男	185	80	44
003	刘若雨	女	172	55	38
004	张雅静	女	175	61	39
005	赵弈鸣	男	185	81	44
006	孙惠茜	女	188	90	45
007	周依娜	女	169	65	39
008	吴彬彬	男	188	86	44
009	陈欢馨	男	190	88	45
010	杨诗琪	女	176	70	40
011	赵承德	男	190	88	46
012	沈博文	男	189	91	44
013	周玥嬅	女	173	69	40
014	王欣妍	女	170	70	39
015	刘浩初	男	188	87	45

图 1-43　文本转换成表格效果图

篮球俱乐部会员基本信息表

会员号	姓名	性别	身高(厘米)	体重(公斤)	鞋码	
001	赵羽圭	男	183	79	43	
002	张雅亮	男	185	80	44	

图 1-44　表格标题效果图

（4）设置表格属性：表格宽度为页面的 110%。选中表格，选择"布局"选项卡，单击"表"组中的"属性"，弹出"表格属性"对话框。在"表格属性"对话框中选择"表格"选项卡，选中"指定宽度"复选框，设置为"110"，"度量单位"为"百分比"，如图 1-45 所示，单击"确定"按钮。

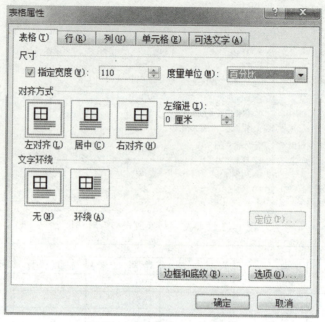

图 1-45 "表格属性"对话框

（5）套用表格样式。选中表格，选择"设计"选项卡，选择"表格样式"组中的"浅色底纹，强调文字颜色 5"命令，并在"表格样式选项"组中只选中"标题行""第一列""镶边行"复选框，如图 1-46 所示。设置后的效果如图 1-47 所示。

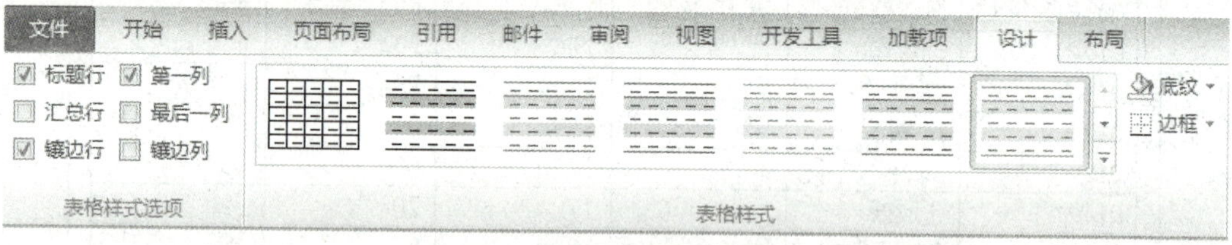

图 1-46 表格样式设置

篮球俱乐部会员基本信息表

会员号	姓名	性别	身高（厘米）	体重（公斤）	鞋码
001	赵羽丰	男	183	79	43
002	张雅亮	男	185	80	44
003	刘若雨	女	172	55	38
004	张雅静	女	175	61	39
005	赵弈鸣	男	185	81	44
006	孙惠茜	女	188	90	45
007	周依娜	女	169	65	39
008	吴彬彬	男	188	86	44
009	陈欢馨	男	190	88	45
010	杨诗琪	女	176	70	40
011	赵承德	男	190	88	46
012	沈博文	男	189	91	44
013	周玥婷	女	173	69	40
014	王欣妍	女	170	70	39
015	刘浩初	男	188	87	45

图 1-47 套用表格样式效果图

5. 保存文档

【任务总结】本任务练习了 Word 2010 的表格的创建，文字与表格之间的转换，表格样式、表格属性的设置。

微课 1-4　文本转换为表格

任务 4　表格的数据处理

【任务目标】对如图 1-48 所示的"学生成绩表"中的数据进行计算和排序、创建图表等操作，得到如图 1-49 所示的图表。

学生成绩表

姓名	数学	语文	计算机	总分	名次
赵羽丰	87	79	88		
张雅亮	74	65	79		
刘若雨	69	88	75		
张雅静	100	89	91		
赵弈鸣	89	90	55		
孙惠茜	76	80	63		
周依娜	54	68	80		
吴彬彬	67	85	89		
刘浩初	55	79	70		
平均分					
人数					
最高分					
最低分					

图 1-48　"学生成绩表"原表

【任务分析】利用函数对表格中的数据进行计算和排序，并制作相应数据的图表。

【知识准备】掌握函数的使用、表格中数据的计算，学会根据数据制作图表。

【任务实施】

1. 打开"任务 4 素材.docx"原始文档

2. 计算单科平均分及每个人的总分

（1）在计算时，Word 规定表格中的列用英文字母 A、B、C、D...表示，行用阿拉伯数字

1，2，3，4…表示。计算单科"数学"的平均分，先把光标插入表的单元格 B11 中；选择"布局"选项卡，单击"数据"组中的"公式"，弹出"公式"对话框，如图 1-50 所示。

学生成绩表

姓名	数学	语文	计算机	总分	名次
张雅静	100	89	91	280	1
赵羽丰	87	79	88	254	2
吴彬彬	67	85	89	241	3
赵弈鸣	89	90	55	234	4
刘若雨	69	88	75	232	5
孙惠茜	76	80	63	219	6
张雅亮	74	65	79	218	7
刘浩初	55	79	70	204	8
周依娜	54	68	80	202	9
平均分	74.56	80.33	76.67		
人数	9				
最高分	100	90	91		
最低分	54	65	55		

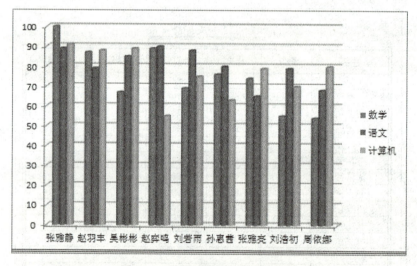

图 1-49　设置后的"学生成绩表"

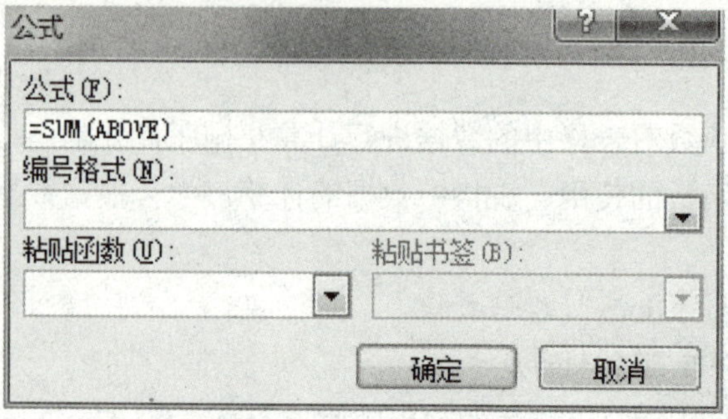

图 1-50　"公式"对话框

（2）在"公式"下方的文本框中，默认显示的是"=SUM（ABOVE）"，参数 ABOVE：（表示位置）在……正上方。整个函数表示对本单元格上方单元格中的数值求和，而题目要计算平均分，可将"SUM"改为"AVERAGE"，即"公式"的文本框中输入"=AVERAGE（ABOVE）"，如图 1-51 所示，单击"确定"。

（3）求"语文"平均分时，将"公式"文本框中原来的函数删除，保留"="，然后单击"粘贴函数"下拉列表，选择"AVERAGE"，在函数的括号中输入参数"C2:C10"，如图 1-52 所示，单击"确定"。用同样的方法计算"计算机"的平均分。

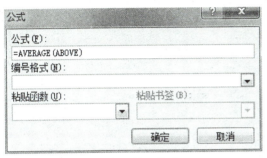

图 1-51　计算平均分 1　　　　　　　　图 1-52　计算平均分 2

（4）计算"赵羽丰"的总分，把光标插入表的单元格 E2 中，选择"布局"命令，单击"数据"组中的"公式"按钮，弹出"公式"对话框，打开"公式"对话框，如图 1-53 所示。在"公式"下方的文本框中，默认显示的是"=SUM（LEFT）"，参数 LEFT：左边的。整个函数表示对本单元格左边单元格中的数值求和，恰好与题目要求相符，可直接单击"确定"按钮。

（5）求"张雅亮"的总分时，将"公式"文本框中原来的参数"ABOVE"删除，然后输入"B3:D3"，如图 1-54 所示，单击"确定"按钮。用同样的方法计算其他人的总分。

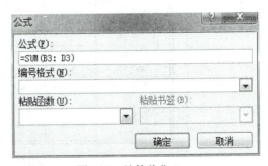

图 1-53　计算总分 1　　　　　　　　图 1-54　计算总分 2

（6）求"刘若雨"的总分，把光标插入表的单元格 E4 中，选择"插入"选项卡，单击"文本"组中的"文档部件"，在下拉菜单中选择"域"，弹出"域"对话框，如图 1-55 所示。在"域"对话框中单击"公式"按钮，弹出"公式"对话框，把"公式"中的参数"ABOVE"改成"LEFT"，单击"确定"按钮。

（7）求"张雅静"的总分，光标插入单元格 E5 中，按下键盘"F4"键，即可得到"张雅静"的总分。用同样的方法求出其他同学的总分，结果如图 1-56 所示。

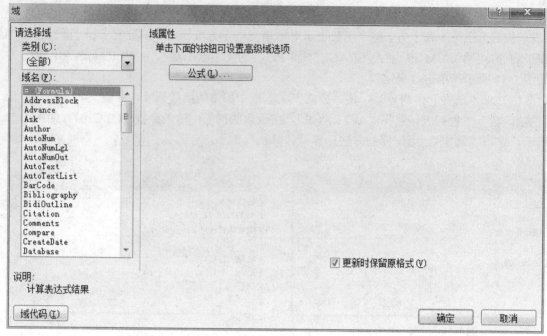

图1-55 "域"对话框

图1-56 计算总分和平均分后的"学生成绩表"

3. 按总分降序排列

（1）将光标插入要排序的表格中。选择"布局"选项卡，单击"数据"组中的"排序"，打开"排序"对话框，在"主要关键字"下拉列表中选择"总分"，在"类型"下拉列表中选择"数字"，选择"降序"单选按钮，如图1-57所示。单击"确定"按钮，完成排序过程。

（2）按排序后的顺序在"名次"列中输入名次，效果如图1-58所示。

图 1-57 "排序"对话框

学生成绩表

姓名	数学	语文	计算机	总分	名次
张雅静	100	89	91	280	1
赵羽圭	87	79	88	254	2
吴彬彬	67	85	89	241	3
赵弈鸣	89	90	55	234	4
刘苦雨	69	88	75	232	5
孙惠茜	76	80	63	219	6
张雅亮	74	65	79	218	7
刘浩初	55	79	70	204	8
周依娜	54	68	80	202	9
平均分	74.56	80.33	76.67		
人数					
最高分					
最低分					

图 1-58 计算排序后的"成绩表"

4. 计算人数、单科最高分与最低分

（1）鼠标插入 B12 单元格，选择"布局"选项卡，单击"数据"组中的"公式"，弹出"公式"对话框，在"公式"下方的文本框中，默认显示的是"=SUM（ABOVE）"，将"SUM（ABOVE）"删除，保留"="，单击"粘贴函数"下拉列表，选择"COUNT"，在函数的括号中输入参数"B2:B10"，如图 1-59 所示，单击"确定"按钮。

（2）鼠标插入 B13 单元格，选择"布局"选项卡，单击"数据"组中的"公式"，弹出"公式"对话框，在"公式"下方的文本框中，默认显示的是"=SUM（ABOVE）"，将"SUM（ABOVE）"删除，保留"="，单击"粘贴函数"下拉列表，选择"MAX"，在函数的括号中输入参数"B2:B10"，如图 1-60 所示，单击"确定"按钮。用同样的方法计算出 C13 和 D13，即语文和计算机的最高分。

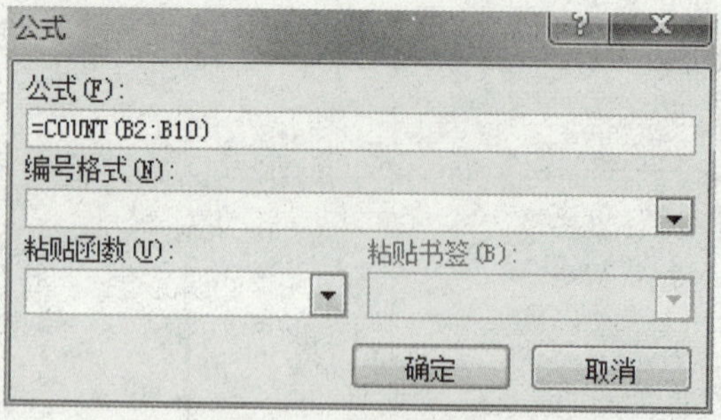

公式

公式 (F):
=COUNT (B2:B10)

编号格式 (N):

粘贴函数 (U):   粘贴书签 (B):

确定   取消

图 1-59 计算总人数

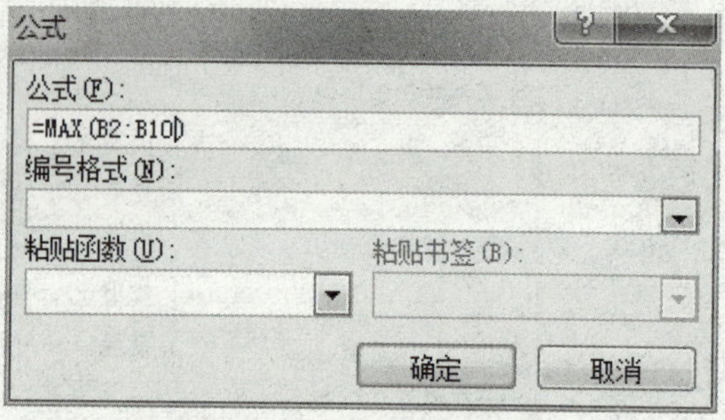

公式

公式 (F):
=MAX (B2:B10)

编号格式 (N):

粘贴函数 (U):   粘贴书签 (B):

确定   取消

图 1-60 计算数学最高分

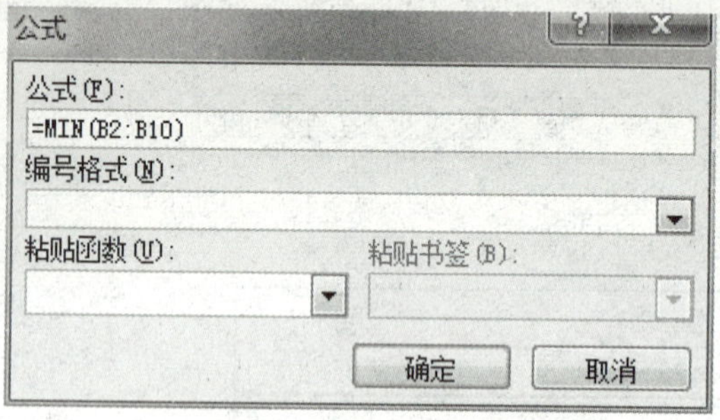

公式

公式 (F):
=MIN (B2:B10)

编号格式 (N):

粘贴函数 (U):   粘贴书签 (B):

确定   取消

图 1-61 计算数学最低分

（3）鼠标插入 B14 单元格，选择"布局"选项卡，单击"数据"组中的"公式"，弹出"公式"对话框，在"公式"下方的文本框中，默认显示的是"=SUM（ABOVE）"，将"SUM（ABOVE）"删除，保留"="，单击"粘贴函数"下拉列表，选择"MIN"，在函数的括号中输入参数"B2:B10"，如图 1-61 所示，单击"确定"按钮。用同样的方法计算出 C14 和 D14，即语文和计算机的最低分。计算后的表格如图 1-62 所示。

学生成绩表

姓名	数学	语文	计算机	总分	名次
张雅静	100	89	91	280	1
赵羽丰	87	79	88	254	2
吴彬彬	67	85	89	241	3
赵弈鸣	89	90	55	234	4
刘若雨	69	88	75	232	5
孙惠茜	76	80	63	219	6
张雅亮	74	65	79	218	7
刘浩初	55	79	70	204	8
周依娜	54	68	80	202	9
平均分	74.56	80.33	76.67		
人数	9				
最高分	100	90	91		
最低分	54	65	55		

图 1-62 计算后的表格效果图

5. 依据表格数据生成数据柱形图图表

（1）光标定位到插入图标的位置，选择"插入"选项卡，单击"插图"组中的"图表"，弹出"插入图表"对话框，选择"柱形图"组中的"簇状圆柱图"，如图 1-63 所示，生成的图表及 Excel 文档，初始效果如图 1-64 所示。

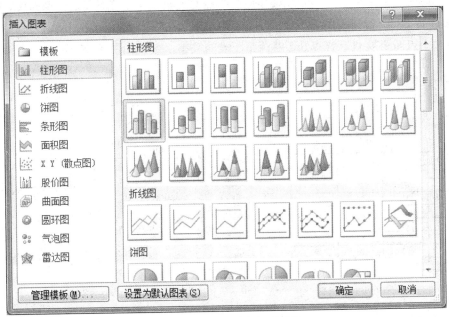

图 1-63　"插入图表"对话框

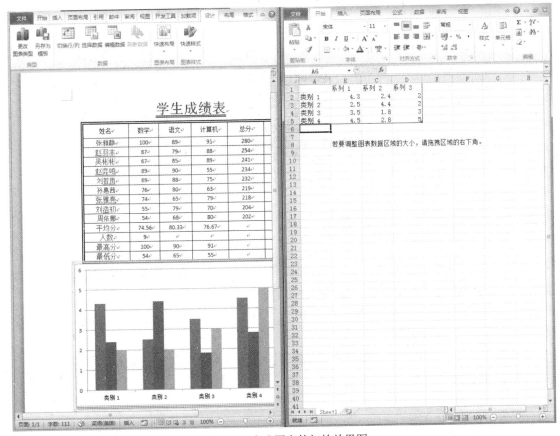

图 1-64　生成图表的初始效果图

（2）把原始表格中9名同学的成绩相应的数据复制到图中右侧的 Excel 窗口中，如图 1-65 所示，然后将 Excel 窗口关闭。生成的图表效果如图 1-66 所示。

（3）关闭 Excel 文件，在 Word 中调整图表的大小，效果如图 1-66 所示。

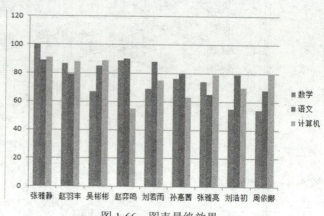

	A	B	C	D
1	姓名	数学	语文	计算机
2	张雅静	100	89	91
3	赵羽丰	87	79	88
4	吴彬彬	67	85	89
5	赵弈鸣	89	90	55
6	刘若雨	69	88	75
7	孙惠茜	76	80	63
8	张雅亮	74	65	79
9	刘浩初	55	79	70
10	周依娜	54	68	80

图 1-65　复制后的 Excel 表格　　　　　　图 1-66　图表最终效果

6. 保存文档

【任务总结】本任务练习了 Word 2010 中地址的表示方法、函数的使用方法，以及根据表格中的数据建立图表。

微课 1-5　表格的数据处理

任务 5　绘 制 图 形

【任务目标】通过制作如图 1-67 所示的图形，使学生掌握图形的绘制方法，多个图形之间的叠放次序、组合与取消组合、对齐和分布的使用方法。

【任务分析】本任务要求利用 Word 2010 建立新文档，然后绘制图形，对图形进行组合，再设置图片格式，保存文档。

【知识准备】掌握页面边框和背景图案设置的方法。会使用绘制图形工具绘制图形。

【任务实施】

1. 新建一个 Word 文档

2. 设置纸张大小和页边距

设置纸张大小为"A4（21×29.7 厘米）"，纸张方向为"横向"，页边距设置为默认。

图 1-67 绘制图形的效果图

3. 页面设置

（1）选择"页面布局"选项卡，单击"页面背景"组中的"页面颜色"，在下拉菜单的"主题颜色"中选择"橙色，强调文字颜色 6，淡色 80%"。

（2）单击"页面背景"组中的"页面边框"，弹出"边框和底纹"对话框，选择"方框"；"样式"选择"双实线"，颜色为"深蓝，文字 2，淡色 40%"，"宽度"为"3.0 磅"，如图 1-68 所示，单击"确定"按钮。

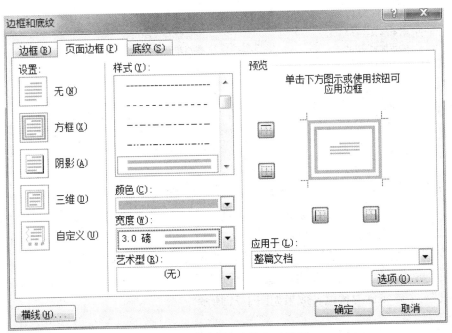

图 1-68 "边框和底纹"对话框

4. 绘制图形——"竖卷形"

（1）选择"插入"选项卡，单击"插图"组中的"形状"，选择"星与旗帜"组中的"竖卷形"，拖动鼠标绘制图形。

（2）选择"格式"选项卡，在"大小"组中输入：高"6.5 厘米"、宽"6 厘米"。在"形状样式"组中选择样式"细微效果—橄榄色，强调颜色 3"；单击"形状效果"，在下拉菜单中选择"阴影"命令，在"外部"组中选择"向上偏移"；选择"三维旋转"命令，在"透视"组中选择"右向对比透视"。

（3）在"排列"组中选择"位置"，在下拉菜单中选择"其他布局选项"，弹出"布局"对话框，设置水平绝对位置为"-1.34 厘米"，"右侧"为"栏"，垂直"绝对位置"为"-0.54厘米"，"下侧"为"段落"，如图 1-69 所示。

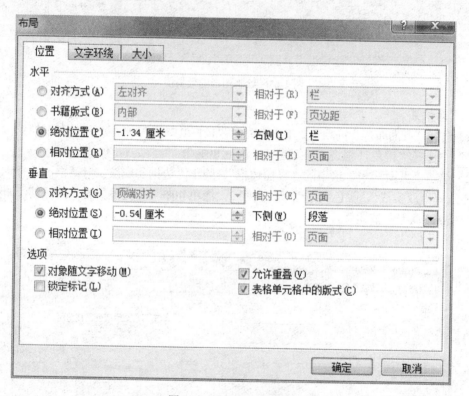

图 1-69 "布局"对话框

（4）在图形上单击鼠标右键，选择"添加文字"，输入文字"引入"。选择"格式"选项卡，在"文本"组中设置"文字方向"为"垂直"；单击"艺术字样式"组中的右下角"▫"，弹出"设置文本效果格式"对话框。选择"文本框"选项卡，设置"文字版式"的"水平对齐方式"为"居中"，"内部边距"为左"1.5 厘米"，右"0.25 厘米"，上下均为"0.13 厘米"，如图 1-70 所示。单击"关闭"按钮。选择"开始"选项卡，在"字体"组中设置"宋体""30号""加粗"，字体颜色为紫色。效果如图 1-71 所示。

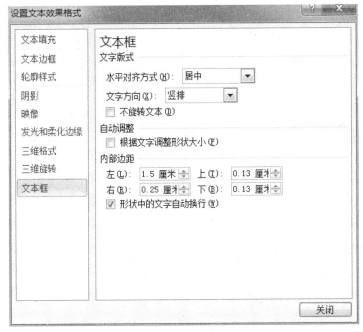

图 1-70　"设置文本效果格式"对话框　　　　　图 1-71　效果图 1

5. 绘制图形——"文本框"

（1）选择"插入"选项卡，单击"文本"组中的"文本框"，在下拉菜单中选择"绘制文本框"，拖动鼠标绘制文本框。

（2）在文本框中输入文字："你喜欢哪个组合图形？它是由哪些简单的图形组成的？"

（3）选中文字，选择"格式"选项卡，在"艺术字样式"组中单击"文本填充"，选择"深蓝，文字 2，深色 50%"。选择"开始"选项卡，在"字体"组中设置"华文新魏""一号"。

（4）选择"格式"选项卡，在"形状样式"组中单击"形状填充"，选择"无填充颜色"，单击"形状轮廓"，选择主题颜色为"橙色，强调文字颜色 6，淡色 80%"，调整适当位置。

6. 绘制图形——小房子

（1）绘制矩形，在"格式"选项卡中设置：在"大小"组中输入高"4 厘米"、宽"8 厘米"；在"形状样式"组中单击"形状填充"，选择"纹理"组中的"纸莎草纸"。调整位置。

（2）绘制梯形，在"格式"选项卡中设置：在"大小"组中输入高"3 厘米"、宽"10 厘米"。调整位置。

（3）绘制圆柱形，在"格式"选项卡中设置：在"大小"组中输入高"2.6 厘米"、宽"1.1 厘米"；在"形状样式"组中单击"形状填充"，选择"标准色"组中的"浅绿"。调整位置。

（4）绘制窗户。

绘制正方形，在"格式"选项卡中设置：在"大小"组中输入高"1 厘米"、宽"1 厘米"；在"形状样式"组中单击"形状填充"，选择"标准色"组中的"浅绿"。再复制三个正方形，排列四个正方形位置。调整位置。

（5）绘制门。

绘制矩形，在"格式"选项卡中设置：在"大小"组中输入高"2.5 厘米"、宽"1.5 厘米"；在"形状样式"组中单击"形状填充"，选择"标准色"组中的"浅绿"。调整位置。

绘制圆形，在"格式"选项卡中设置：在"大小"组中输入高"0.5 厘米"、宽"0.5 厘米"。

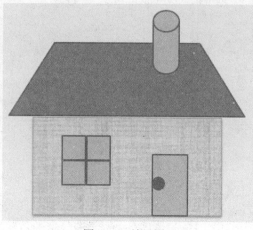

图 1-72　效果图 2

调整位置。

（6）组合图形。

按住"Ctrl"键，鼠标依次单击上面绘制的图形，选择"绘图工具格式"选项卡，单击"排列"组中的"组合"，在下拉菜单中单击"组合"，即可把小房子组合成一个图形。

（7）移动位置。

选择"绘图工具格式"选项卡，单击"排列"组中的"位置"，在下拉菜单中选择"其他布局选项"，弹出"布局"对话框，设置水平绝对位置"0.5 厘米"，"右侧"为"栏"；垂直绝对位置"8 厘米"，"下侧"为"段落"。效果如图 1-72 所示。

7. 绘制图形——树

（1）绘制矩形，在"格式"选项卡中设置：在"大小"组中输入高"4 厘米"、宽"0.8 厘米"；在"形状样式"组中单击"形状填充"，选择"其他填充颜色"，弹出"颜色"对话框，选择"自定义"选项卡，"颜色模式"选择"RGB"，"红色"输入"0"，"绿色"输入"150"，"蓝色"输入"0"，如图 1-73 所示。

（2）绘制三角形，3 个三角形的颜色与树干长方形设置相同，大小自行调整。

（3）组合图形。

把一个长方形和 3 个三角形组合成一个图形，调整位置。效果如图 1-74 所示。

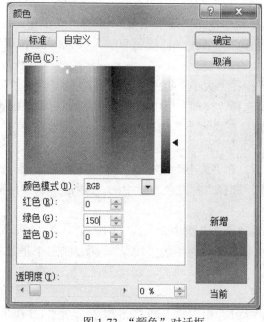

图 1-73　"颜色"对话框

图 1-74　效果图 3

8. 绘制图形——云

（1）绘制云形，在"格式"选项卡中设置：在"形状样式"组中单击"形状填充"，选择"主题颜色"组中的"白色，背景 1"。调整位置。

（2）复制图形为两片云，并且组合，调整位置。

9. 绘制图形——鸟

（1）绘制圆形，调整位置。

（2）绘制椭圆形，在"格式"选项卡中设置：在"形状样式"组中单击"形状填充"，选择"标准色"组中的"黄色"；在"排列"组中单击"下移一层"，即椭圆形置于圆形下边，如图 1-75 所示。

（3）依次画出一个圆形和 5 个三角形，并设置填充色，调整位置。

（4）组合图形。

把 2 个圆形、1 个椭圆形和 5 个三角形组合成一个图形，调整位置。效果如图 1-76 所示。

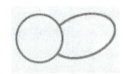

图 1-75 圆形与椭圆形的位置关系

图 1-76 效果图 4

10. 保存文档

【任务总结】本任务主要练习图形的绘制方法，以及页面边框和背景图片的设置方法。

微课 1-6 图形绘制

任务 6 杂志排版

【任务目标】通过对文档的编辑，形成一篇图文并茂的文章，如图 1-77 所示，可以使读者掌握文档的排版方法，包括插入批注、题注、脚注和尾注等。

【任务分析】本任务要求对已有文档进行设置。插入批注、题注、脚注和尾注等内容，然后保存文档。

水形成的循环过程[i]

水是一种常见的液态物质，它能通过蒸发、冻结、融化、升华、凝结、凝华这些物理过程，把地球上的水从这里搬到那里，从一种状态转变到种状态。雨、露、霜、雪就是通过在大气中发生的这些物理过程而产生的。

科学地说，水在常温下，或是受热时，当它受热的时候，会变成气体散逸到空气中，这种透明的无色无味的气体叫作水汽，这个由液态水变为气态水汽的过程叫作蒸发。当水的温度超过100摄氏度时（或说超过沸点时），水分子因为吸收了足够大的内能，从而使其转换成脱离分子束缚的斥力，分子之间的距离开始变大，水便从液态转变为气态。这种气态水中不含有任何其他物质，是理论上的蒸馏水（空气中含有杂质）也称水蒸气。水汽从蒸发表面进入低层大气后，这里的温度高，所容纳的水汽较多，如果这些湿热的空气被抬升，温度就会逐渐降低，到了一定高度，空气中的水汽就会达到饱和。如果空气继续被抬升就会有多余的水汽析出。如果那里的温度高于0°C，则多余的水汽就凝结成小水滴；如果温度低于0°C，则多余的水汽就凝华为小冰晶。在这些小水滴和小冰晶逐渐增多并达到人眼能辨认的程度时，就是云了。小水滴在云里互相碰撞，合并成大水滴，当它大到空气托不住的时候，就从云中落了下来，形成了雨。

SmartArt 图形 I

江河湖海的水面，以及土壤和动、植物的水分，随时蒸发到空中变成水汽。水汽进入大气后，成云致雨，或凝聚为霜露，然后又返回地面，渗入土壤或流入江河湖海。以后又再蒸发（汽化），再凝结（凝华）下降。周而复始，循环不已。

[i] 文章节选自互联网。

批注 [W用1]：水的形成是怎样循环的？

图 1-77　杂志排版后的效果图

【知识准备】掌握批注、题注、脚注和尾注的使用方法。

【任务实施】

1. 打开"任务6素材"原始文档

2. 插入背景图片

选择"页面布局"选项卡，单击"页面背景"组中的"水印"，在弹出的下拉菜单中选择"自定义水印"，弹出"水印"对话框，选中"图片水印"单选按钮，单击"选择图片"，在弹出的"插入图片"对话框中选择插入的图片，选中"冲蚀"复选框前的"√"，缩放比例为"自动"，"水印"对话框及设置如图1-78所示。

3. 设置标题

选择标题文字"水形成的循环过程"，选择"开始"选项卡，设置字体格式为"华文新魏""小初""加粗"，段落格式为"居中"。

4. 设置首字下沉

光标定位在第一自然段，选择"插入"选项卡，单击"文本"组中的"首字下沉"，在下拉菜单中选择"首字下沉选项"，弹出"首字下沉"对话框，具体设置为："位置"为"下沉"；

"字体"为"黑体";"下沉行数"为"3";"距正文"为"0 厘米",单击"确定"按钮,如图 1-79 所示。

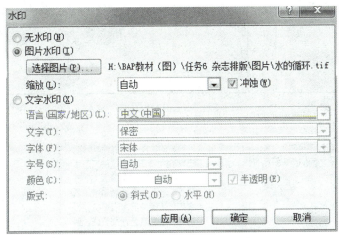

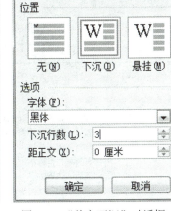

图 1-78　"水印"对话框　　　　　　　　　图 1-79　"首字下沉"对话框

5. 插入 SmartArt 图形

(1)选择"插入"选项卡,单击"插图"组中的"SmartArt",弹出"选择 SmartArt 图形"对话框,选择"循环"组中的"基本循环",如图 1-80 所示,单击"确定"按钮。

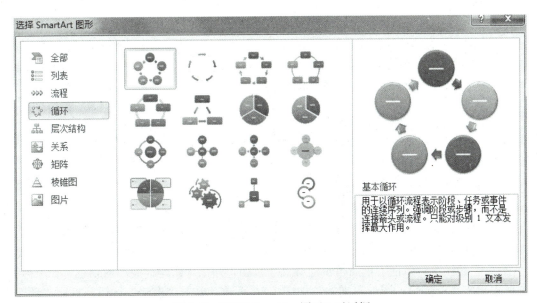

图 1-80　"选择 SmartArt 图形"对话框

(2)在插入的如图 1-81 所示的 SmartArt 图形中,输入文字"水""水汽""云""雨",并删除多余占位符。效果如图 1-82 所示。

(3)选择"格式"选项卡,单击"排列"组中的"位置",在下拉菜单中选择"中间居中,四周型文字环绕",并调整其大小和位置,如图 1-83 所示。

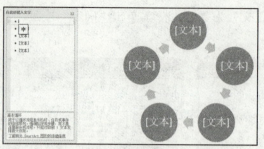

图 1-81　插入"SmartArt 图形"原图

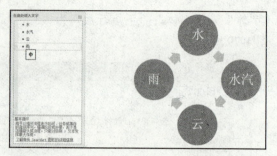

图 1-82　"SmartArt 图形"输入文字后的效果图

度超过 100 摄氏度时（或说超过沸点时），水分子因为吸收了足够大的内能，从而使其转换成脱离分子束缚的斥力，分子之间的距离开始变大，水便从液态转变为气态水。这种气态水中不含有任何其他物质，是理论上的蒸馏水（空气中含有杂质）也称水蒸气。水汽从蒸发表面进入低层大气后，这里的温度高，所容纳的水汽较多，如果这些湿热的空气被抬升，温度就会逐渐降低，到了一定高度，空气中的水汽就会达到饱和。如果空气继续被抬升，就会有多余的水汽析出。如果那里的温度高于 0°C，则多余的水汽就凝结[1]成小水滴；如果温度低于 0°C，则多余的水汽就凝华[2]为小冰晶。在这些小水滴和小冰晶逐渐增多并达到人眼能辨认的程度时，就是云了。小水滴在云里互相碰撞，合并成大水滴，当它大到空气托不住的时候，就从云中落了下来，形成了雨。

图 1-83　"SmartArt 图形"效果图

6. 设置批注、题注、脚注和尾注

（1）在最后一段中选中文字"循环"，选择"审阅"选项卡，单击"批注"组中的"新建批注"，被选中的文字上出现底纹，同时在旁边的空白处出现"批注"的编辑区，输入批注文本"水的形成是怎样循环的？"，如图 1-84 所示。

江河湖海的水面，以及土壤和动、植物的水分，随时蒸发到空中变成水汽。水汽进入大气后，成云致雨，或凝聚为霜露，然后又返回地面，渗入土壤或流入江河湖海。以后又再蒸发（汽化），再凝结（凝华）下降。周而复始，循环不已。

批注 [W用1]: 水的形成是怎样循环的？

图 1-84　插入"批注"效果图

（2）选中 SmartArt 图形，选择"引用"选项卡，单击"题注"组中的"插入题注"，弹出"题注"对话框，如图 1-85 所示。

① 在"题注"对话框中单击"新建标签"按钮，弹出"新建标签"对话框，在"标签"文本框中输入"SmartArt 图形"文本，如图 1-86 所示，单击"确定"按钮，返回"题注"对话框。

② 在"题注"对话框中单击"编号"按钮，弹出"题注编号"对话框，单击"格式"下拉列表框，从中选择"Ⅰ，Ⅱ，Ⅲ，…"格式，如图 1-87 所示，单击"确定"按钮，返回"题注"对话框。

③ 选择"开始"选项卡，在"段落"组中设置为"居中"，设置后的效果如图 1-88 所示。

图 1-85　"新建标签"对话框

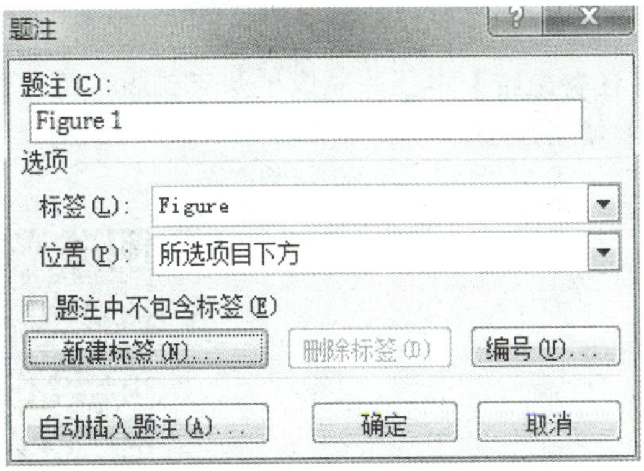

图 1-86　"题注"对话框

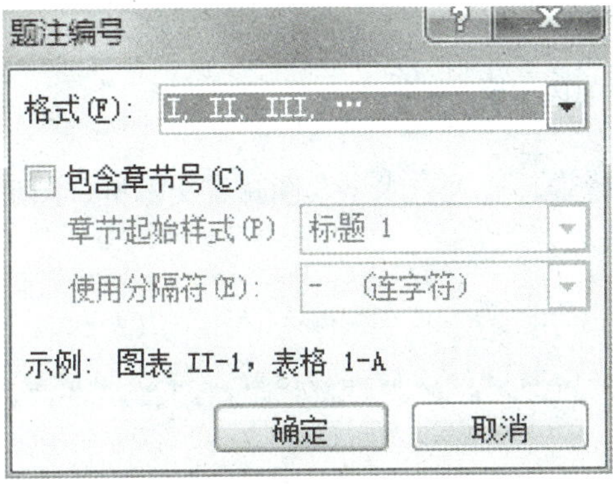

图 1-87　"题注编号"对话框

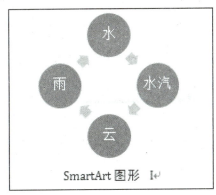

图 1-88　插入"题注"效果图

（3）选中文字"凝结"，选择"引用"选项卡，单击"脚注"组中的"插入脚注"，光标自动定位至脚注区域，在其中输入信息"当温度高于 0℃ 时，气态的水汽遇冷而变成水，这个过程叫凝结"，用鼠标单击正文区结束脚注编辑。

用同样的方法为"凝华"添加脚注"当温度低于 0℃ 时，水汽遇冷而直接凝聚成冰晶，这个过程叫凝华"。脚注的效果如图 1-89 所示。

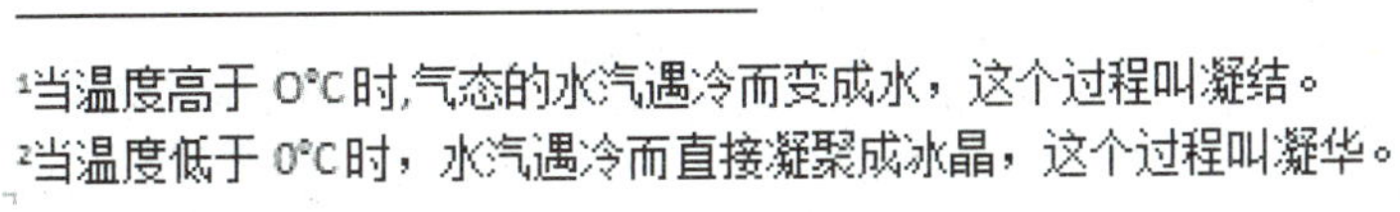

1 当温度高于 0℃时,气态的水汽遇冷而变成水，这个过程叫凝结。
2 当温度低于 0℃时,水汽遇冷而直接凝聚成冰晶，这个过程叫凝华。

图 1-89　插入"脚注"效果图

（4）将光标定位至标题"水形成的循环过程"文本右侧，选择"引用"选项卡，单击"脚注"组中的"插入尾注"，光标自动定位至尾注区域，在其中输入信息"文章节选自互联网。"，用鼠标单击正文区结束脚注编辑。尾注的效果如图 1-90 所示。

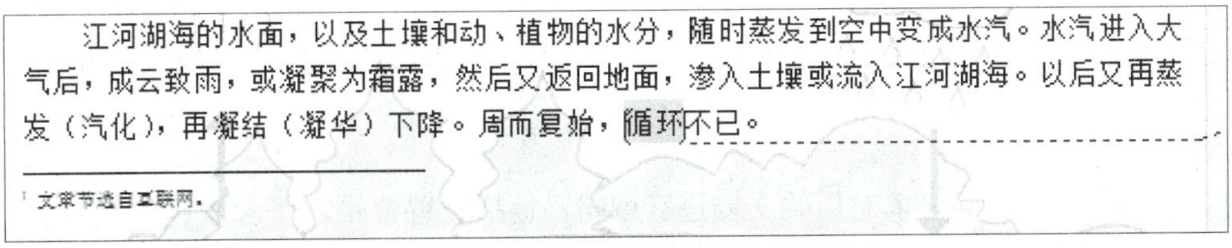

江河湖海的水面，以及土壤和动、植物的水分，随时蒸发到空中变成水汽。水汽进入大气后，成云致雨，或凝聚为霜露，然后又返回地面，渗入土壤或流入江河湖海。以后又再蒸发（汽化），再凝结（凝华）下降。周而复始，循环不已。

ⅰ 文章节选自互联网。

图 1-90　插入"尾注"效果图

7. 保存文档

【任务总结】本任务完成了杂志排版，练习了批注、题注、脚注、尾注，以及 SmartArt 图形的使用方法。

微课 1-7　杂志排版

任务7　板报制作

【任务目标】通过对原始文档的编辑，设置背景，插入艺术字、图片、文本框、图形的操作，形成如图 1-91 所示的文件。

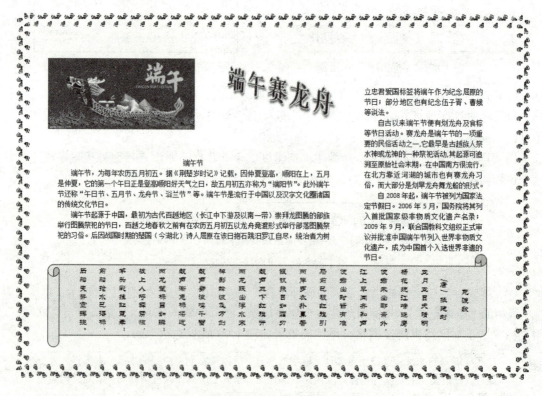

图 1-91　板报制作效果图

【任务分析】本任务要求对原始文档进行编辑，包括设置背景，插入艺术字、图片、文本框，录入文字，最终完成板报的制作。

【**知识准备**】学会编辑文档，设置背景，插入艺术字、图片、文本框、文本框的链接。

【**任务实施**】

1. 打开"任务 7 素材.docx"原始文件

2. 设置页面

（1）选择"页面布局"选项卡，单击"页面设置"组中的"纸张方向"，在下拉列表框中选择"横向"。

（2）选择"页面布局"选项卡，单击"页面背景"组中的"页面边框"，弹出"边框和底纹"对话框，在"页面边框"选项卡中选择"方框"，在"艺术型"列表框中选择一种线型，设置宽度为"20 磅"，如图 1-92 所示。

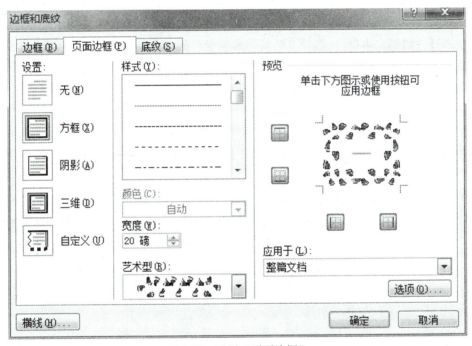

图 1-92　设置"页面边框"

（3）选择"页面布局"选项卡，单击"页面背景"组中的"页面颜色"，选择"主题颜色"中的"水绿色，强调文字颜色 5，淡色 80%"。

3. 插入文本框

（1）选中诗词《竞渡歌》，选择"插入"选项卡，单击"文本"组中的"文本框"，在下拉列表中选择"绘制竖排文本框"。

（2）选择"格式"选项卡，单击"插入形状"组中的"编辑形状"，在下拉菜单中选择"更改形状"，再选择"星与旗帜"组中的"横卷形"。在"格式"选项卡中设置高度为"5 厘米"，宽度为"24 厘米"。

（3）选择"格式"选项卡，单击"形状样式"组中的"形状填充"，选择"主题颜色"中的"橙色，强调文字颜色 6，淡色 80%"。

（4）选择"开始"选项卡，在"字体"组中设置字体为"华文隶书"，字号为"小四"，效果如图 1-93 所示。调整位置。

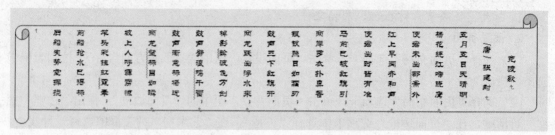

图 1-93 "横卷形"文本框效果图

4. 插入文本框，建立链接

（1）选中文章《端午节》，选择"插入"选项卡，单击"文本"组中的"文本框"，在下拉列表中选择"绘制文本框"；选择"格式"选项卡，在"大小"组中设置高度为"5 厘米"，宽度为"15.5 厘米"。

（2）选择"格式"选项卡，单击"形状样式"组中的"形状轮廓"，选择"无轮廓"。调整位置。

（3）选择"插入"选项卡，单击"文本"组中的"文本框"，在下拉列表中选择"绘制文本框"，手动绘制文本框，并在"格式"选项卡中设置高度为"10 厘米"，宽度为"7 厘米"。

（4）选择"格式"选项卡，单击"形状样式"组中的"形状填充"，选择"无填充颜色"。单击"形状样式"组中的"形状轮廓"，选择"无轮廓"。调整位置。"文本框"效果如图 1-94 所示。

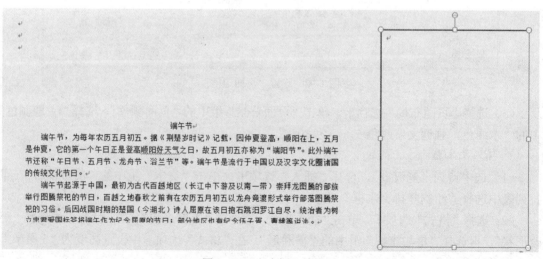

图 1-94 "文本框"效果图

（5）选择左侧的文本框，选择"格式"选项卡，单击"文本"组中的"创建链接"，单击右侧空的文本框，即建立了两个文本框的链接，调整位置。效果如图 1-95 所示。

立忠君爱国标签将端午作为纪念屈原的节日；部分地区也有纪念伍子胥、曹娥等说法。

自古以来端午节便有划龙舟及食粽等节日活动。赛龙舟是端午节的一项重要的民俗活动之一，它最早是古越族人祭水神或龙神的一种祭祀活动，其起源可追溯至原始社会末期，在中国南方很流行，在北方靠近河湖的城市也有赛龙舟习俗，而大部分是划旱龙舟赛龙船的形式。

自2008年起，端午节被列为国家法定节假日。2006年5月，国务院将其列入首批国家级非物质文化遗产名录；2009年9月，联合国教科文组织正式审议并批准中国端午节列入世界非物质文化遗产，成为中国首个入选世界非遗的节日。

端午节，为每年农历五月初五。据《荆楚岁时记》记载，因仲夏登高，顺阳在上，五月是仲夏，它的第一个午日正是登高顺阳好天气之日，故五月初五亦称为"端阳节"。此外端午节还称"午日节、五月节、龙舟节、浴兰节"等。端午节是流行于中国以及汉字文化圈诸国的传统文化节日。

端午节起源于中国，最初为古代百越地区（长江中下游及以南一带）崇拜龙图腾的部族举行图腾祭祀的节日，百越之地春秋之前有在农历五月初五以龙舟竞渡形式举行部落图腾祭祀的习俗。后因战国时期的楚国（今湖北）诗人屈原在该日抱石跳汨罗江自尽，统治者为树

图 1-95 "文本框"链接后的效果图

5. 插入图片

选择"插入"选项卡，单击"插图"组中的"图片"，弹出"插入图片"对话框，选择素材文件夹中的图片"端午赛龙舟.tif"。

6. 插入艺术字

（1）选择"插入"选项卡，单击"文本"组中的"艺术字"，在下拉菜单中选择"填充—红色，强调文字颜色2，粗糙棱台"，输入文字"端午赛龙舟"。

（2）选择"开始"选项卡，在"字体"组中设置字体为"华文新魏"，字号为"初号"。

（3）选择"格式"选项卡，单击"形状样式"组中的"形状效果"，在下拉菜单中选择"三维旋转"，选择"透视"组中的"左向对比透视"。效果如图1-96所示。调整位置。

7. 保存文档

【任务总结】本任务练习了在原始文档中插入艺术字、图片、文本框，同时练习了设置文本框的链接，最终完成了板报的制作。

图 1-96 "艺术字"效果图

微课 1-8　板报制作

任务8　设置页眉、页脚与页码

【任务目标】通过本任务，完成了图1-97所示的效果，使学生掌握如何设置页面大小不同、页眉不同、页号不连续和纸张大小不同的编辑操作。

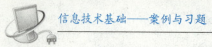

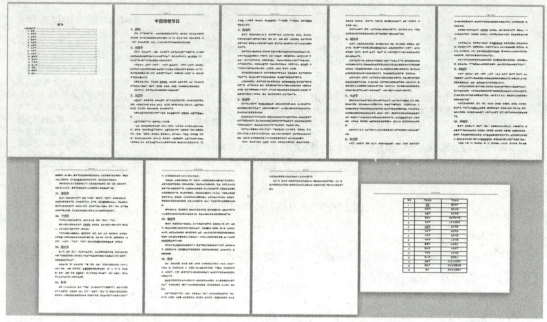

图 1-97　编辑后的样文

【任务分析】本任务首先使用分节符把文档按要求分节，再设置页眉页脚格式，插入页码，然后对不同节设置不同的纸张，最后保存文档。

【知识准备】掌握设置页码、页眉和页脚的方法；掌握设置页面大小不同、页眉不同、页号不连续和纸张大小不同的方法。

【任务实施】

1. 打开"任务 8 素材.docx"原始文档

2. 插入分节符

因为首页是目录，与后面的内容格式设置不同，所以将首页和后面的内容设置为不同的两个节。将光标定位到题目"中国传统节日"前，选择"页面布局"选项卡，单击"页面设置"组中的"分隔符"，在下拉菜单中选择"分节符"中的"下一页"，如图 1-98 所示，即可插入分节符。用同样的方法在文章最后的表格前插入一个"分节符"。

操作技巧

节由若干段落组成，小至一个段落，大至整个文档。同一个节具有相同的编排格式，通过分节符将文档分为不同的节，不同的节可以设置不同的编排格式。如果看不到分节符，可以选择"文件"，在下拉菜单中选择"选项"，在弹出的"Word 选项"对话框中选择"显示"选项卡，选中"始终在屏幕上显示这些格式标记"组中的"显示所有格式标记"，即可显示分节符。

3. 更新目录

选择"引用"，单击"目录"组中的"更新目录"，或右击目录，在弹出的菜单中选择"更新域"，弹出"更新目录"对话框，单击"更新目录"对话框中的"只更新页码"按钮，如

图 1-99 所示，单击"确定"。

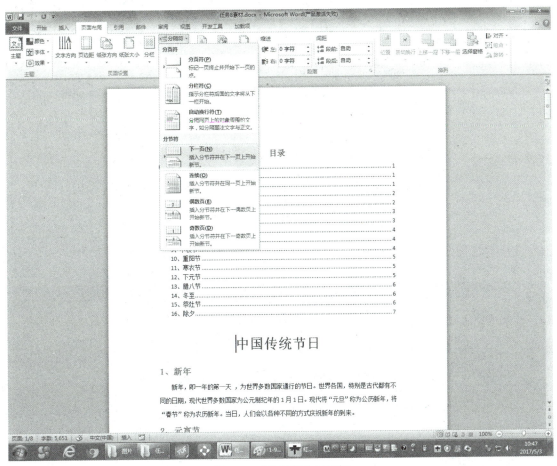

图 1-98　"分隔符"对话框

4. 设置页面不同

（1）设置纸张方向。

光标定位在最后一页，选择"页面布局"选项卡，单击"页面设置"组中的"纸张方向"，在下拉菜单中选择"横向"，即可设置不同的纸张方向。设置后前后页的效果如图 1-100 所示。

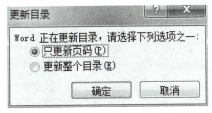

图 1-99　"更新目录"对话框

（2）设置页边距。

选择"页面布局"选项卡，单击"页边距"按钮，在下拉菜单中选择"自定义边距"，打开"页面设置"对话框，在"页边距"选项卡中将上下边距设为 2 厘米。

5. 设置页眉

（1）将光标定位到第二节，选择"插入"选项卡，单击"页眉和页脚"组中的"页眉"，在下拉菜单中选择"编辑页眉"。

（2）选择"设计"选项卡，选中"选项"组中的"奇偶页不同"复选框，单击"导航"组中的"链接到前一条页眉"，取消与前面的链接，设置不同的页眉，如图 1-101 所示。

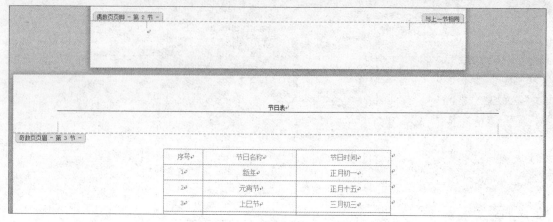

图 1-100　不同纸张方向效果图

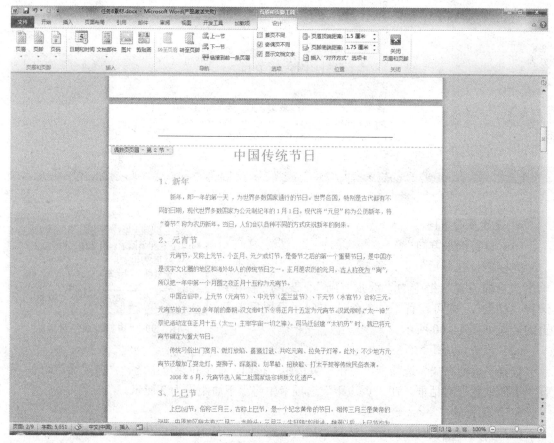

图 1-101　设置页眉

（3）在偶数页页眉处输入文字"中国传统节日"，如图 1-102 所示。

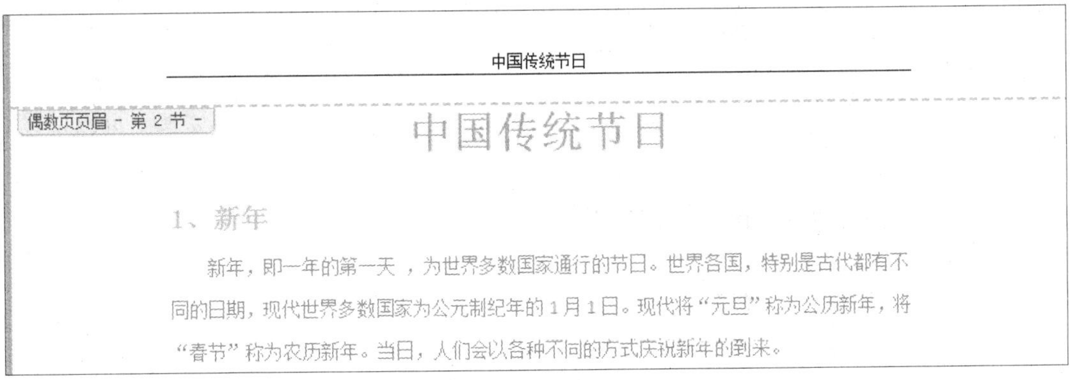

中国传统节日

中国传统节日

偶数页页眉 - 第 2 节 -

1、新年

　　新年，即一年的第一天，为世界多数国家通行的节日。世界各国，特别是古代都有不同的日期，现代世界多数国家为公元制纪年的 1 月 1 日。现代将"元旦"称为公历新年，将"春节"称为农历新年。当日，人们会以各种不同的方式庆祝新年的到来。

图 1-102　偶数页页眉

（4）切换到奇数页页眉，单击"导航"组中的"链接到前一条页眉"，输入文字"节日习俗"，效果如图 1-103 所示。

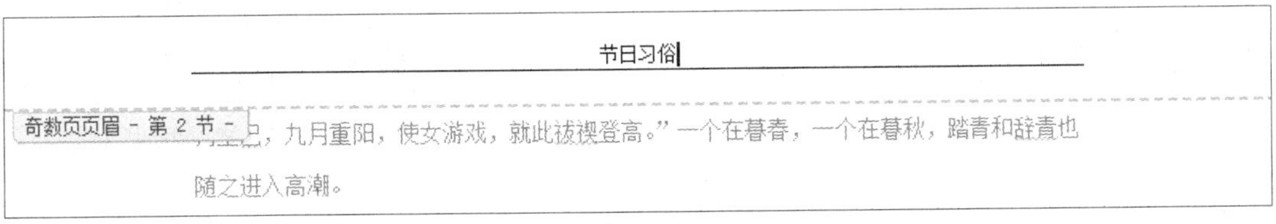

节日习俗

奇数页页眉 - 第 2 节 - 日，九月重阳，使女游戏，就此祓禊登高。"一个在暮春，一个在暮秋，踏青和辞青也
随之进入高潮。

图 1-103　奇数页页眉

（5）将光标定位到第三节页眉处，单击"导航"组中的"链接到前一条页眉"命令按钮，输入文字"节日表"，如图 1-104 所示。

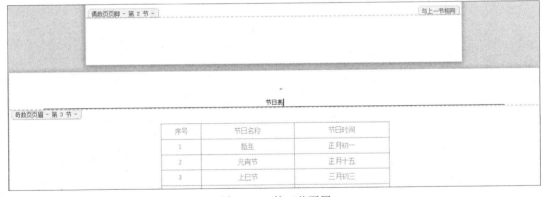

图 1-104　第三节页眉

（6）单击"关闭页眉页脚"命令按钮。

6. 设置页码，并在页脚处插入页码

（1）设置起始页码。选择"插入"选项卡，单击"页眉和页脚"组中的"页码"，在下拉菜单中选择"设置页码格式"，弹出"页码格式"对话框，将"编号格式"设置为"Ⅰ，Ⅱ，Ⅲ，……"；设置"页码编号"的"起始页码"为"Ⅰ"，如图 1-105 所示，单击"确定"按钮。

（2）插入页码。单击"页眉和页脚"组中的"页码"，在下拉菜单中选择"页面底端"，再选择"普通数字 2"。

（3）单击"关闭页眉页脚"按钮。

7. 保存文档

【任务总结】本任务最终完成了对同一个文档进行不同的页面、页眉、页脚、页码设置的任务。

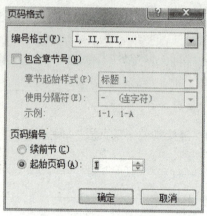

图 1-105 "页码格式"对话框

微课 1-9 设置页眉、页脚与页码

任务 9 制作文档阅读目录

【任务目标】通过对"任务 9 素材.docx"原始文档的编辑，生成图 1-106 所示的文档。

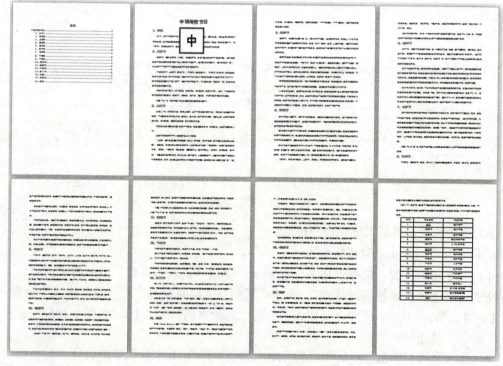

图 1-106 文档阅读目录效果图

【任务分析】本任务要求对已有文件按照要求设置标题样式，并生成目录；对标题创建书签并建立超链接。

【知识准备】学会文本样式的设置、生成文档目录、设置书签、创建超链接。

【任务实施】

1. 打开"任务9素材.doc"原始文档

2. 设置标题格式，生成目录

（1）选中标题"中国传统节日"，选择"开始"选项卡，选中"样式"组中的"标题1"，设置字体颜色为"红色"；单击"段落"组中的"居中"命令按钮。

（2）选择"开始"选项卡，单击"样式"组中的"标题2"，在下拉菜单中选择"修改"，弹出"修改样式"对话框。修改内容：字号为"小三"；文字颜色为"蓝色"。单击"格式"按钮，在菜单中选择"段落"，在弹出的"段落"对话框中设置段前段后均为"0"，"修改样式"对话框如图1-107所示，单击"确定"。

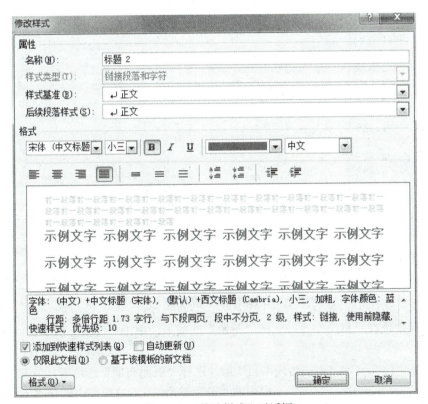

图 1-107 "修改样式"对话框

（3）选中标题"1. 新年"，选择"开始"选项卡，选中"样式"组中的"标题2"。

（4）双击"剪贴板"组中的"格式刷"，分别选择标题"2. 元宵节"至"16. 除夕"；再单击"剪贴板"组中的"格式刷"。标题设置后的样式效果如图1-108所示。

（5）光标定位在标题前，选择"引用"选项卡，单击"目录"组中的"目录"，在下拉列表中选择"自动目录1"，自动生成的目录如图1-109所示。

中国传统节日

1. 新年

新年，即一年的第一天，为世界多数国家通行的节日。世界各国，特别是古代都有不同的日期，现代世界多数国家为公元制纪年的1月1日。现代将"元旦"称为公历新年，将"春节"称为农历新年。当日，人们会以各种不同的方式庆祝新年的到来。

2. 元宵节

元宵节，又称上元节、小正月、元夕或灯节，是春节之后的第一个重要节日，是中国亦是汉字文化圈的地区和海外华人的传统节日之一。正月是农历的元月，古人称夜为"宵"，所以把一年中第一个月圆之夜正月十五称为元宵节。

图 1-108 设置"标题"样式效果图

目录

中国传统节日...............................1
1. 新年..................................1
2. 元宵节................................1
3. 上巳节................................1
4. 寒食节................................2
5. 清明节................................2
6. 端午节................................3
7. 七夕节................................3
8. 中元节................................3
9. 中秋节................................4
10. 重阳节...............................4
11. 寒衣节...............................5
12. 下元节...............................5
13. 腊八节...............................5
14. 冬至.................................5
15. 祭灶节...............................6
16. 除夕.................................6

图 1-109 生成目录

（6）光标定位在"目录"行，选择"开始"选项卡，单击"段落"组中的"居中"命令按钮。

（7）光标定位在文字"中国传统节日"前，选择"页面布局"选项卡，单击"页面设置"组中的"分隔符"，在下拉列表中选择"下一页"，文章则会新起一页。

（8）选择"引用"选项卡，单击"目录"组中的"更新目录"，或鼠标右键单击目录，在弹出的菜单中选择"更新域"，弹出"更新目录"对话框，选中"更新目录"对话框中的"只更新页码"单选按钮，如图 1-110 所示，单击"确定"。

图 1-110 "更新目录"对话框

3. 设置书签

（1）选中文字"1. 新年"，选择"插入"选项卡，单击"链接"组中的"书签"，弹出"书签"对话框，在"书签名"文本框中输入"新年"，单击"添加"按钮，如图 1-111 所示。

（2）分别为标题"2. 元宵节"至"5. 清明节"设置相应的书签。

4. 设置超链接

（1）选定正文末尾表格中的文字"新年"文本，选择"插入"选项卡，单击"链接"组中的"超链接"，弹出"插入超链接"对话框，如图 1-112 所示。单击"书签"按钮，弹出"在文档中选择位置"对话框，选择书签"新年"，如图 1-113 所示，单击"确定"。

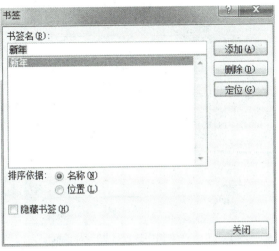

图 1-111 "书签"对话框

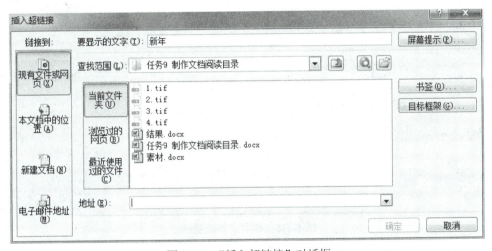

图 1-112 "插入超链接"对话框

（2）设置超链接后的文本以蓝色、添加下划线的格式显示，如图 1-114 所示。将鼠标移至超链接文本之上，会自动弹出提示信息，按住 Ctrl 键，鼠标呈小手状，单击文本可跳转至指定的书签位置。

（3）选定正文末尾表格中的文字"端午节"文本，选择"插入"命令，单击"链接"组中的"超链接"按钮，弹出"插入超链接"对话框，在左侧的"链接到："中选择"现有文件或网页"，在右侧的"查找范围"中设置所查找文件的路径，在"当前文件夹"右侧的列表框中选择"端午赛龙舟.doc"，如图 1-115 所示，单击"确定"按钮。

（4）按照上述步骤，可以为每个节日分别创建超链接，使其链接到相应的文件中。

5. 保存文档

【任务总结】本任务练习对已有的文件按照要求设置标题样式，并生成目录；对标题创建书签并建立超链接。

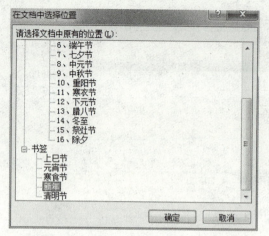

图 1-113 "在文档中选择位置"对话框

序号	节日名称	节日时间
1	新年	正月初一
2	元宵节	正月十五

图 1-114 设置"书签"超链接的效果

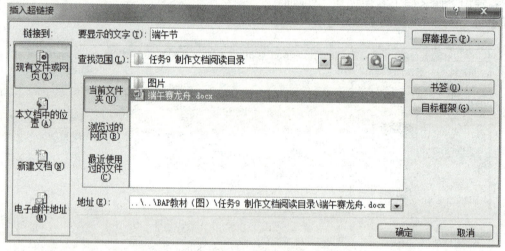

图 1-115 设置文件超链接

微课 1-10 制作文档阅读目录

任务 10 编辑数学公式

【任务目标】新建一个 Word 文档，制作如图 1-116 所示的数学公式。

【任务分析】本项目要求先对所给出的公式进行分解，得到相应的公式模型，再利用插入公式方法制作公式模型，最后完善公式。

【知识准备】使用 Word 提供的公式编辑器进行操作。

【任务实施】

1. 将公式分解为如图 1-117 所示

2. 插入公式编辑框

选择"插入"选项卡，单击"符号"组中的"公式"，在下拉菜单中选择"插入新公式"命令，弹出"公式编辑框"，如图 1-118 所示。

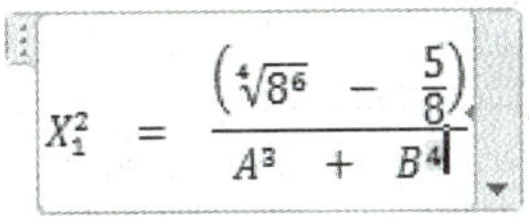

$$X_1^2 = \frac{\left(\sqrt[4]{8^6} - \frac{5}{8}\right)}{A^3 + B^4}$$

图 1-116　"数学公式"效果图

图 1-117　分解公式生成模型

在此处键入公式。

图 1-118　公式编辑框

3. 使用"1×3 空矩阵"模板

选择"设计"命令，在"结构"组中单击"矩阵"，在下拉列表中选择第 1 行第 3 列 的"1×3 空矩阵"样式，如图 1-119 所示。效果如图 1-120 所示。

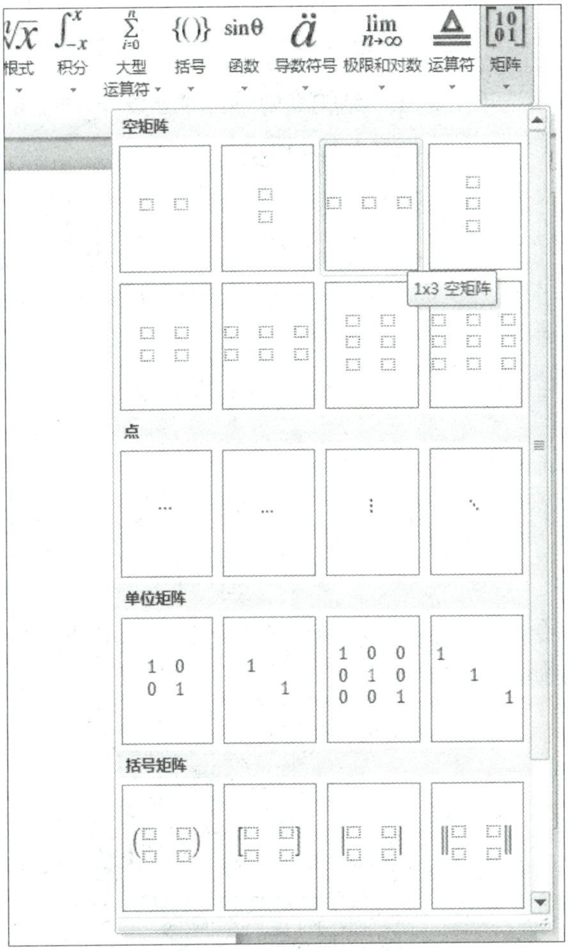

图 1-120　效果图 1

4. 使用"下标—上标"模板

选择矩阵中左侧的输入框，选择"设计"选项卡，在"结构"中单击"上下标"，在下拉列表中选择第 1 行第 3 列的"下标—上标"样式，效果如图 1-121 所示。

图 1-121　效果图 2

5. 使用"分数（竖式）"模板

选择矩阵中右侧的输入框，选择"设计"选项卡，在"结构"中单击"分数"，在下拉列表中选择第 1 行第 1 列的"分数（竖式）"样式，效果如图 1-122 所示。

图 1-122　效果图 3

图 1-119　插入结构样式图

6. 使用"方括号"模板

选中分子部分，选择"设计"选项卡，在"结构"组中单击"括号"，在下拉列表中选择第 1 行第 1 列的"方括号"样式，效果如图 1-123 所示。

7. 使用"1×3 空矩阵"模板

选中括号里面部分，选择"设计"选项卡，在"结构"组中单击"矩阵"，在下拉列表中选择第 1 行第 3 列的"1×3 空矩阵"样式，效果如图 1-124 所示。

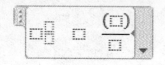

图 1-123　效果图 4

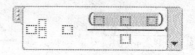

图 1-124　效果图 5

8. 使用"带有次数的根式"模板

选中括号里面左侧的输入框，选择"设计"选项卡，在"结构"组中单击"根式"，在下拉列表中选择第 1 行第 2 列的"带有次数的根式"样式，效果如图 1-125 所示。

9. 使用"分数（竖式）"模板

选中括号里面右侧的输入框，选择"设计"选项卡，在"结构"中单击"分数"，在下拉列表中选择第 1 行第 1 列的"分数（竖式）"样式，效果如图 1-126 所示。

图 1-125　效果图 6

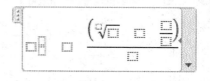

图 1-126　效果图 7

10. 使用"1×3 空矩阵"模板

选中最外层的分母部分，选择"设计"选项卡，在"结构"组中单击"矩阵"，在下拉列表中选择第 1 行第 3 列的"1×3 空矩阵"样式，效果如图 1-127 所示。

11. 使用"上标"模板

分别选中两侧的输入框，选择"设计"命令，在"结构"组中单击"上下标"，在下拉列表中选择第 1 行第 1 列的"上标"样式，效果如图 1-128 所示。

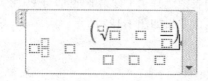

图 1-127　效果图 8

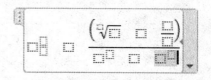

图 1-128　效果图 9

12. 根据图将公式补充完整

【任务总结】本任务主要练习使用 Word 提供的公式编辑器进行操作。

微课 1-11　编辑数学公式

任务 11　文档的修订

【任务目标】通过对原始文档的编辑和修订过程，充分理解文档修订的功能。

【任务分析】本任务先打开一个现有文档，再使用修订功能修改文档，最后保存文档。

【知识准备】掌握文档的修订、接受修订和拒绝修订的方法。

【任务实施】

1. 打开"任务 13 素材.doc"原始文档

2. 文档的修订

（1）选择"审阅"选项卡，单击"修订"组中的"修订"，在下拉列表中选择"修订"，如图 1-129 所示。

（2）使用快捷键"Ctrl+A"选择全部文档，单击"开始"选项卡，在"段落"组中设置为"首行缩进""2 字符"。

（3）选中标题"正月十五'元宵节'"，选择"开始"选项卡，在"字体"组中设置为"华文彩云""二号""红色"；在"段落"组中设置为"左对齐"。修改后的样式如图 1-130 所示。

图 1-129　选择"修订"

（4）删除第一段末尾的"正月"两个字。

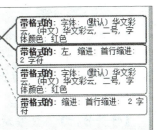

图 1-130　修改后的样式

（5）选中第一个修订的信息框，选择"审阅"选项卡，单击"更改"组中的"接受"，在下拉列表中选择"接受并移到下一条"，如图 1-131 所示。

（6）选中提示为"带格式的：左，缩进；首行缩进；2 字符"的信息框，单击"更改"组中的"拒绝"，在下拉列表中选择"拒绝修订"，如图 1-132 所示。

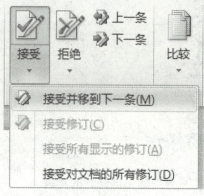

图 1-131 接受并移到下一条

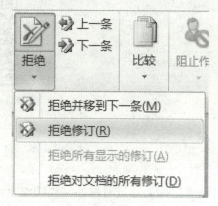

图 1-132 拒绝修订

（7）单击"更改"组中的"接受"，在下拉列表中选择"接受对文档的所有修订"，完成所有修订。

3. 保存文档

【任务总结】本任务练习使用文档修订的方法对文档进行编辑和修改。

微课 1-12 文档的修订

任务 12 邮 件 合 并

【任务目标】用 Word 在实际工作中经常会遇到使用一个模板生成多个文档的情况，例如：邀请函、节日问候，成绩单等，本项目以制作一份成绩单为例来说明这一功能。通过对图 1-133 所示的"学生成绩单"模板和图 1-134 所示的表格，使用邮件合并功能完成图 1-135 所示的效果。

【任务分析】本任务要求利用 Word 2010 建立新文档，使用 Excel 建立数据源，再对文档和数据源进行邮件合并设置，最后完成邮件合并。

【知识准备】学会 Word 文档的编辑、Excel 表格的简单制作、邮件合并中原始文档与数据源的连接、各字段与占位符的设置以及数据源数据的处理。

【任务实施】

1. 制作 Excel 表格：《学生成绩表》表格

2. 制作 Word 文档：《学生成绩单》模板

（1）纸张大小为"B5"，方向为"纵向"。

（2）题目"学生成绩单"格式为：二号，宋体。其他文字格式为：四号，宋体。

（3）打印日期要求自动更新。

3. 邮件合并

（1）在 Word 文档"学生成绩单中"，选择"邮件"选项卡，单击"开始邮件合并"组中的"选择收件人"，在下拉列表中选择"使用现有列表"，弹出"选取数据源"对话框。

（2）在"选取数据源"对话框中选择数据源文件"任务 12 素材：学生成绩表.xlsx"，如图 1-136 所示，单击"打开"，弹出"选择表格"对话框，选择表格"学生成绩表"，如图 1-137 所示，单击"确定"。

		学生成绩单
	学号：	
	姓名：	

科目	是否合格
语文	语文成绩
数学	数学成绩
英语	英语成绩
计算机	计算机成绩

打印日期：2017 年 3 月 20 日

图 1-133　"学生成绩单"模板

	A	B	C	D	E	F	G	H	I
1	学号	姓名	性别	语文	数学	英语	计算机	总分	名次
2	001	赵羽丰	男	89	96	73	89	347	1
3	002	张雅亮	男	80	87	79	98	344	2
4	003	刘若雨	女	64	54	77	71	266	14
5	004	张雅静	女	93	78	74	85	330	4
6	005	赵弈鸣	男	77	89	87	59	312	5
7	006	孙惠茜	女	65	73	85	77	300	7
8	007	周依娜	女	90	78	58	80	306	6
9	008	吴彬彬	男	53	84	59	75	271	11
10	009	陈欢馨	男	69	90	53	58	270	12
11	010	杨诗琪	女	72	87	98	80	337	3
12	011	赵承德	男	81	66	75	76	298	8
13	012	沈博文	男	56	88	69	68	281	9
14	013	周玥婷	女	60	77	71	57	265	15
15	014	王欣妍	女	70	69	68	60	267	13
16	015	刘浩初	男	89	76	55	60	280	10

图 1-134　"学生成绩单"Excel 表格

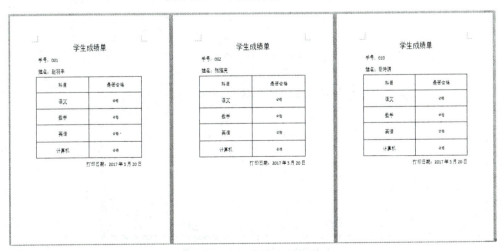

图 1-135　邮件合并结果

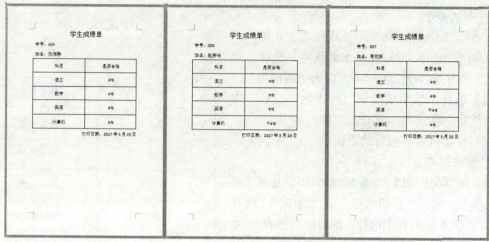

图 1-135 邮件合并结果（续）

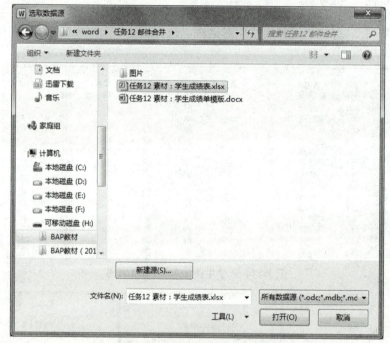

图 1-136 "选取数据源"对话框

图 1-137 "选择表格"对话框

（3）在"学号"后插入光标，选择"邮件"选项卡，单击"编写和插入域"组中的"插入合并域"按钮，在下拉列表中选择"学号"；用同样的方法插入"姓名"。

（4）选中文字"语文成绩"，选择"邮件"选项卡，单击"编写和插入域"组中的"规则"，在下拉列表中选择"如果...那么...否则（I）..."，如图 1-138 所示，弹出"插入 Word 域：IF"对话框，设置域名为"语文"，比较条件为"大于等于"，比较对象为"60"，则插入此文字为"合格"，否则插入

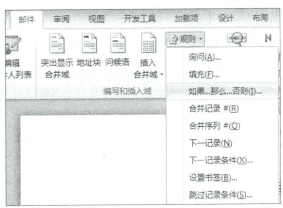

图 1-138　选择规则条件

此文字为"不合格"，如图 1-139 所示，单击"确定"。用同样的方法插入"数学成绩""英语成绩""计算机成绩"。效果如图 1-140 所示。

图 1-139　"插入 Word 域：IF"对话框

学生成绩单

学号：《学号》

姓名：《姓名》

科目	是否合格
语文	合格
数学	合格
英语	合格
计算机	合格

打印日期：2017 年 5 月 3 日

图 1-140　带有占位符的"学生成绩单"模板

（5）选择"邮件"选项卡，单击"开始邮件合并"组中的"编辑收件人列表"，弹出"邮件合并收件人"对话框，如图 1-141 所示。单击"排序"，弹出"筛选和排序"对话框，设置排序依据为"名次"，单击"升序"单选按钮，如图 1-142 所示。

（6）选择"邮件"选项卡，单击"完成"组中的"完成并合并"，在下拉列表中选择"编辑单个文档"，弹出"合并到新文档"对话框，选择"合并记录"中的第三项单选按钮，输入"从'1'到'6'"，如图 1-143 所示，单击"确定"。

（7）保存合并后的文档。

【任务总结】本任务使用 Word 模板与 Excel

数据表格进行邮件合并，操作过程中要注意模板与数据源的连接，以及占位符和格式的设置。

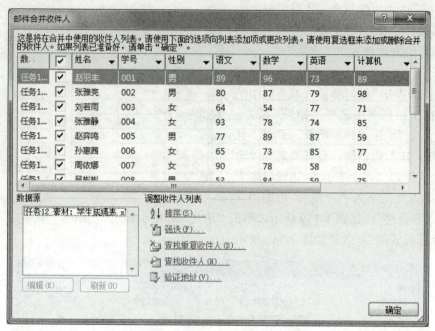

图 1-141 "邮件合并收件人"对话框

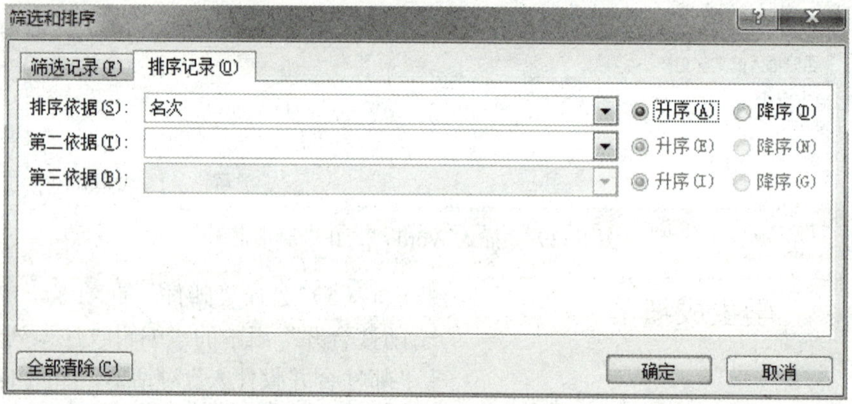

图 1-142 "筛选和排序"对话框

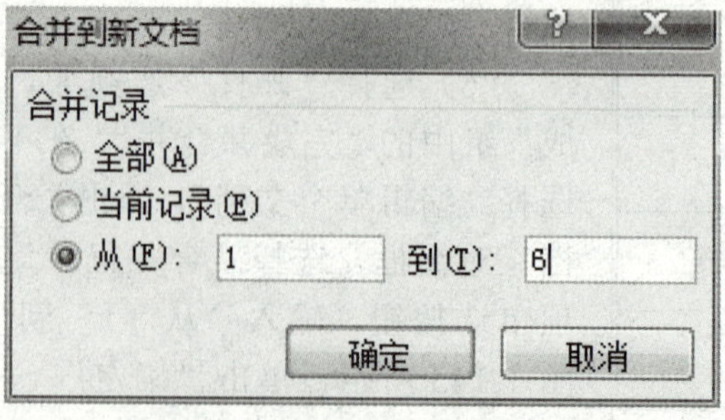

图 1-143 "合并到新文档"对话框

微课 1-13 邮件合并

任务 13　个性化设置 Word 文档

【**任务目标**】通过设置 Word 选项，设置用户个人风格的文档。
【**任务分析**】本项目要求设置 Word 选项，然后保存文档。
【**知识准备**】熟练掌握 Word 选项的各项功能及 Word 选项的设置方法。
【**任务实施**】

1. 自定义功能区选项卡

（1）在"文件"菜单中选择"选项"，弹出"Word 选项"对话框，选择"自定义功能区"选项卡，弹出如图 1-144 所示的对话框。

图 1-144　"Word 选项"对话框

（2）单击"新建选项卡"，选中刚刚建立的"新建选项卡（自定义）"，单击"重命名"，弹出"重命名"对话框，在"显示名称"处输入"我的选项卡"，如图 1-145 所示，单击"确定"。

（3）用同样的方法对"新建组（自定义）"重命名为"组 1"。

（4）单击"新建组"按钮，建立一个新组，重命名为"组 2"。

（5）选择"组 1"，再从左侧列表中选择"表格"，单击"添加"，"表格"功能便加入了"组 1"，用同样的方法把"查找"功能加入"组 1"，把"段落"和"分隔符"功能加入"组 2"，如图 1-146 所示，单击"确定"。

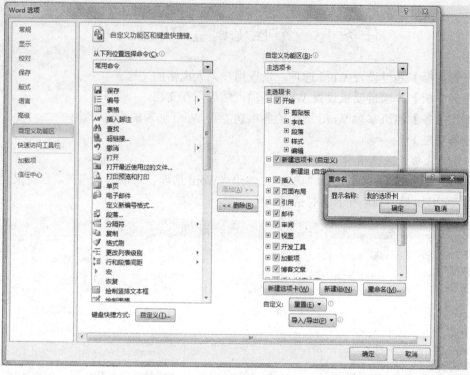

图 1-145 "重命名"对话框

图 1-146 添加自定义选项卡后的"Word 选项"对话框

（6）选择"我的选项卡"，查看相应内容，如图 1-147 所示。

2. 显示"段落"和"制表符"标记

（1）打开"任务 13 素材.docx"原始文档。

（2）在"文件"菜单中选择"选项"，弹出"Word 选项"对话框，选择"显示"选项卡，在"始终在屏幕上显示这些格式标记"组中选中"制表符""空格"和"段落标记"复选框，"显示"选项卡如图 1-148 所示，单击"确定"。

图 1-147　"我的选项卡"功能区

图 1-148　"显示"选项卡

（3）光标定位在标题"中国传统节日"前，选择"页面布局"选项卡，单击"页面设置"组中的"分隔符"，选择"分隔符"组中的"分页符"，可以看到"分页符"格式标记，如图 1-149 所示。

（4）在文字"目录"后面输入若干"Tab"键和空格键，可以看到"制表符"和"空格"的格式标记，如图 1-149 所示。

3. 将"列出最近所用文件"设为 5 个

（1）在"Word 选项"对话框中，选择"高级"选项卡，设置"显示"组中的"显示此数目的'最近使用的文档'"为"5"，单击"确定"，"高级"选项卡如图 1-150 所示。

（2）单击"文件"按钮，在"最近所用文件"可以看到最近编辑过的 5 个文件，如图 1-151 所示。

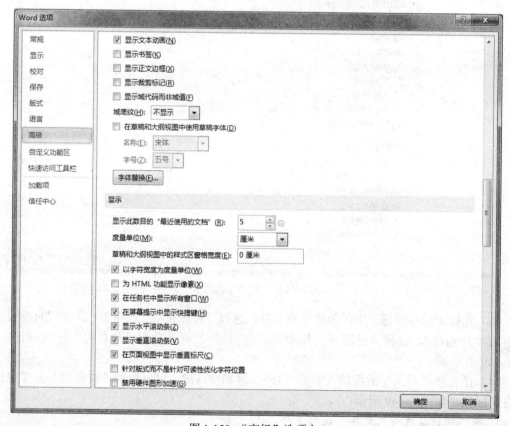

目··录

中国传统节日 1

  1. 新年 1

  2. 元宵节 1

  3. 上巳节 2

  4. 寒食节 2

  5. 清明节 3

  6. 端午节 3

  7. 七夕节 4

  8. 中元节 4

  9. 中秋节 4

 10. 重阳节 5

 11. 寒衣节 5

 12. 下元节 5

 13. 腊八节 6

 14. 冬至 6

 15. 祭灶节 6

 16. 除夕 7

································分页符································

图 1-149 "制表符""空格"和"分页符"的格式标记

图 1-150 "高级"选项卡

4. 设置"粘贴内容时显示粘贴选项按钮"功能

（1）在"Word 选项"对话框中，选择"高级"选项卡，选中"剪切、复制和粘贴"组中的"粘贴内容时显示粘贴选项按钮"复选框，如图 1-152 所示，单击"确定"。

图 1-151　列出最近所用文件

图 1-152　"高级"选项卡

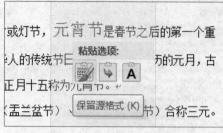

图 1-153　"粘贴选项"按钮

（2）在文档中某一个位置进行粘贴，自动弹出"粘贴选项"按钮 (Ctrl)▼，粘贴的内容与周围文本的内容格式不同，单击"粘贴选项"按钮，在其下拉列表中选择"保留源格式"命令，使粘贴的内容与原来文本的内容格式一致，如图 1-153 所示。

5. 设置"打印背景色和图像"功能

（1）在"Word 选项"对话框中，选择"显示"选项卡，选中"打印选项"组中的"打印背景色和图像"复选框，如图 1-154 所示，单击"确定"。

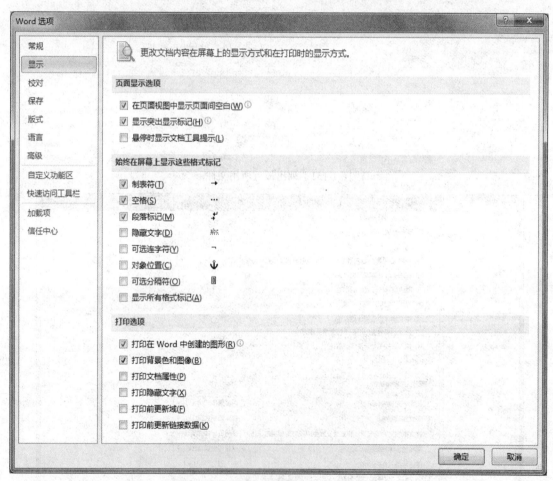

图 1-154　"显示"选项卡"打印选项"

（2）选择"页面布局"选项卡，单击"页面背景"组中的"页面颜色"，在下拉菜单的"主题颜色"中选择"水绿色，强调文字颜色 5，淡色 40%"。效果如图 1-155 所示。

（3）在"文件"菜单中选择"打印"，可见背景颜色出现在打印预览效果中，如图 1-156 所示。

中国传统节日

1. 新年

　　新年，即一年的第一天 ，为世界多数国家通行的节日。世界各国，特别是古代都有不同的日期，现代世界多数国家为公元制纪年的 1 月 1 日。现代将"元旦"称为公历新年，将"春节"称为农历新年。当日，人们会以各种不同的方式庆祝新年的到来。

2. 元宵节

　　元宵节，又称上元节、小正月、元夕或灯节，是春节之后的第一个重要节日，是中国亦是汉字文化圈的地区和海外华人的传统节日之一。正月是农历的元月，古人称夜为"宵"，所以把一年中第一个月圆之夜正月十五称为元宵节。

　　中国古俗中，上元节（元宵节）、中元节（盂兰盆节）、下元节（水官节）合称"三元"。元宵节始于 2000 多年前的秦朝。汉文帝时下令将正月十五定为元宵节。汉武帝时，"太一神"祭祀活动定在正月十五（太一：主宰宇宙一切之神）。司马迁创建"太初历"时，就已将元宵节确定为重大节日。

图 1-155　背景填充效果图

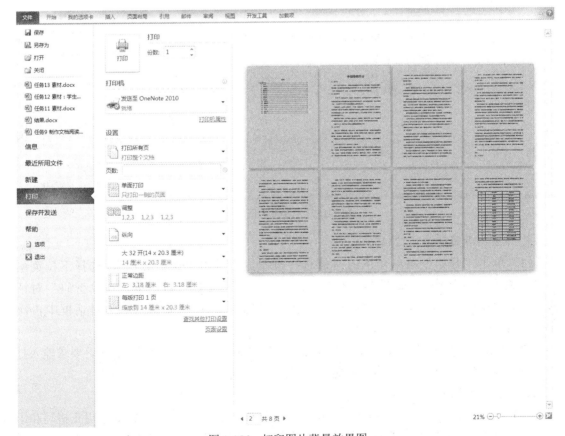

图 1-156　打印图片背景效果图

6. 设置自动保存时间

在"Word 选项"对话框中，选择"保存"选项卡，选中"保存文档"组中的"保存自动恢复信息时间间隔"复选框，并设为 5 分钟，单击"确定"，"保存"选项卡如图 1-157所示。

图 1-157 "保存"选项卡

7. 设置打开密码为"123456"

（1）单击"开始"菜单栏下的"信息"按钮，再单击"保护文档"，选择下拉菜单中"用密码进行加密"，如图 1-158 所示。弹出"加密文档"对话框，在"密码"对话框中输入"123456"，如图 1-159 所示。单击"确定"，在"确认密码"对话框中再次输入"123456"。

（2）再次打开"任务 13 素材.doc"，弹出如图 1-160 所示的"密码"对话框，要求输入打开文件密码，输入密码后，单击"确定"按钮，打开文档。

8."拼写和语法"选项卡

（1）在"Word 选项"对话框中，选择"校对"选项卡，选中"在 Word 中更正拼写和语法时"组中的"键入时检查拼写"复选框，单击"确定"，其设置如图 1-161 所示。

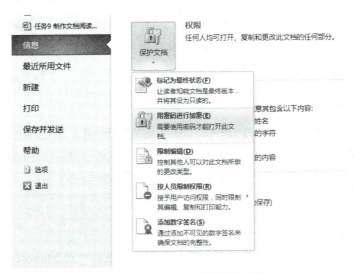

图 1-158　选择"用密码进行加密"

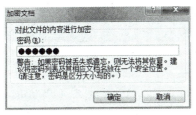

图 1-159　"加密文档"对话框

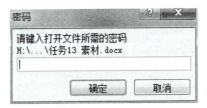

图 1-160　打开文件"密码"对话框

图 1-161　"校对"选项卡

（2）在文档中输入"新年"的英文单词"new year"，如果单词输入错误，Word 的"键入时检查拼写"功能会检查出来，并在错误单词下面标出波浪下划线，如图 1-162 所示。

1、新年（new yeer）

新年，即一年的第一天，为世界多数国家通行的节日。世界各国，特别是古代都有不同的日期，现代世界多数国家为公元制纪年的 1 月 1 日。现代将"元旦"称为公历新年，将"春节"称为农历新年。当日，人们会以各种不同的方式庆祝新年的到来。

图 1-162　检查错误单词

9. 设置用户名

在"Word 选项"对话框中，选择"常规"选项卡，设置"对 Microsoft Office 进行个性化设置"组中的"用户名"和"缩写"文本框，单击"确定"，其设置如图 1-163 所示。

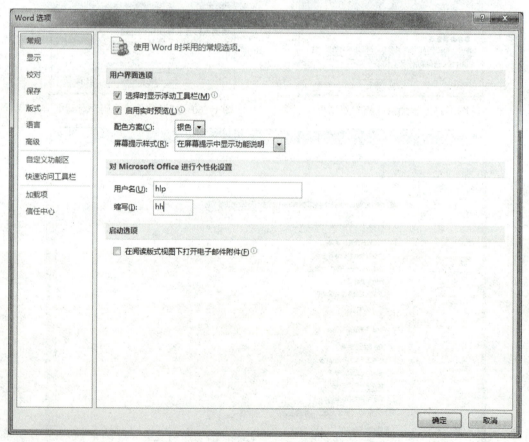

图 1-163　"用户信息"选项卡

10. 设置文件位置

在"Word 选项"对话框中，选择"保存"选项卡，在"保存文档"组中的"默认文件位置"文本框中输入"E：\"，单击"确定"，其设置如图 1-164 所示。

图 1-164　"文件位置"选项卡

11. 保存文档

【任务总结】本任务主要练习设置 Word 2010 选项，设置用户个人风格的文档的方法。

微课 1-14　个性化设置 Word 文档

任务 14　Word 文档的打印

【任务目标】通过打印"任务 14 素材.docx"，掌握打印预览、打印（多份、某页，某些页）的使用方法，并生成打印文件。

【**任务分析**】本任务要求先对文档进行页面设置、打印设置，然后生成打印文件。

【**知识准备**】掌握 Word 页面打印项的设置方法。

【**任务实施**】

1. 打开文件"任务 14 素材.docx"

2. 选择"文件"下拉菜单中的"打印"命令，打开如图 1-165 所示界面

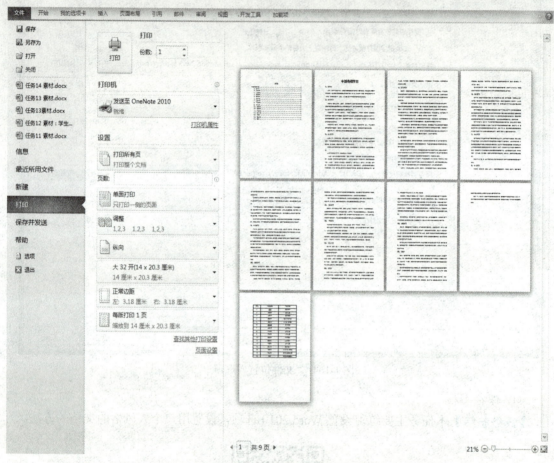

图 1-165 "打印"选项卡

3. 页面设置

（1）"纸张大小"为"B5"。

（2）单击"正常边距"下拉菜单中的"自定义边距"命令，打开"页面设置"对话框，在"页边距"选项卡中，将上、下页边距均设为 2 厘米，左、右页边距均设为 1.5 厘米，如图 1-166 所示，单击"确定"按钮。

操作技巧

对于"页面设置"，可以直接单击"页面设置"按钮，启动"页面设置"对话框进行设置。

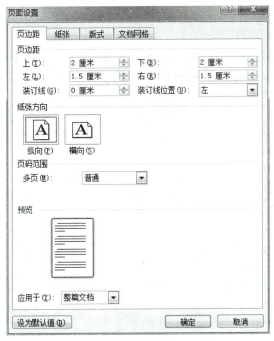

图 1-166　"页面设置"对话框

4. 调整打印预览区的显示比例，如图 1-167 所示

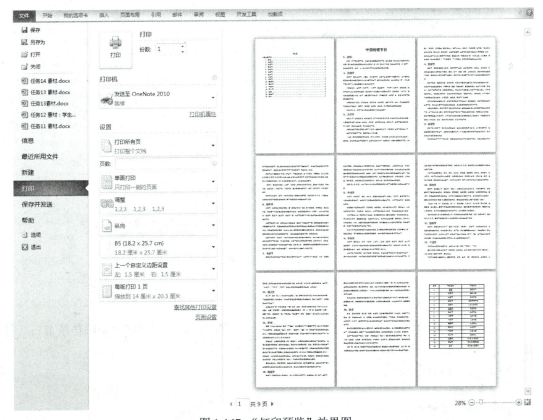

图 1-167　"打印预览"效果图

5. 做如下打印设置

（1）打印份数为"3"份；

（2）选择打印机"Microsoft XPS Document Writer"；

（3）选择"打印自定义范围"，设置页数为"2-8"；

（4）"单面打印"；

（5）"调整"；

（6）"纵向"，如图 1-168 所示。

图 1-168　打印设置

6. 打印文档

（1）单击"打印"按钮。

（2）在弹出的"文件另存为"对话框中选择"文档库"，输入文件名"中国传统节日（打印版）.xps"，如图 1-169 所示。

（3）单击"保存"按钮。

7. 查看文件

（1）打开"文档"库。

图 1-169 另存为"中国传统节日（打印版）.xps"

（2）打开文件"中国传统节日（打印版）.xps"，结果如图 1-170 所示。

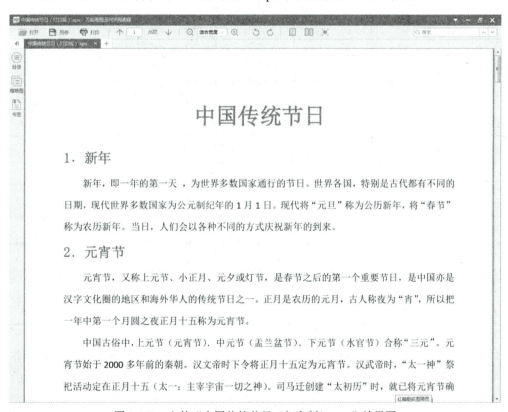

图 1-170 文件"中国传统节日（打印版）.xps"效果图

【任务总结】本任务主要练习页面设置以及打印设置的方法。

微课 1-15　Word 文档的打印

【项目评价】

项目评价如表 1-1 所示。

表 1-1　项目评价

任务	相关知识点的掌握		操作的熟练程度		完成的结果	
	教师评价	学生自我评价	教师评价	学生自我评价	教师评价	学生自我评价
任务一						
任务二						
任务三						
任务四						
任务五						
任务六						
任务七						
任务八						
任务九						
任务十						
任务十一						
任务十二						
任务十三						
任务十四						

【项目小结】本项目根据 Word 的基本功能完成了从文档的创建和保存、格式化操作、图文排版、表格制作等一系列任务，同时包含了一些高级操作，展现了 Word 十分强大的文档处理功能。

【练习与思考】

（1）制作一份完整的个人简历。

（2）阅读一本书，绘制一份图文并茂的手抄报。

项目 2

Excel 2010 电子表格处理软件

【项目描述】Excel 电子表格软件可以根据用户的要求自动生成各种表格，能按照用户给定的计算公式完成复杂的表格计算并把结果自动填充到对应的单元格中，如果修改了相关的原始数据，计算结果会自动更新，利用表格中的原始数据可生成各种统计图表，可根据表格中的数据进行各种查询统计汇总操作。

【项目分析】本项目主要从工作簿与工作表的相关操作、工作表的编辑与格式处理，数据计算，建立与编辑图表、数据管理和分析，打印与预览等方面进行设置。

【相关知识和技能】本项目相关的知识点有：Excel 工作簿的创建与保存；格式处理；表格样式；排序和筛选；公式和函数的使用；高级筛选和分类汇总；设置页眉、页脚与页码；设置打印区域和打印预览。

任务 1　Excel 文档的创建与保存

【任务目标】在文档文件夹下创建一个名为"学生信息"的 Excel 工作簿，新建一个工作表，并将其名称改为"学生入学信息"表，设置学生入学信息表的工作表标签颜色为"水绿色，强调文字颜色 5，深色 25%"，然后将其他工作表删除，最后将"学生入学信息"表存储为以逗号分隔的 CSV 文件，文件名为"学生入学.CSV"，储存于"文档"文件夹。

【任务分析】本任务要求利用 Excel 2010 创建新工作簿，并完成工作表新建、删除和标签颜色设置等相关操作。

【知识准备】新建工作表，新建工作簿，删除工作表，修改工作表标签。

【任务实施】

1. 启动"Excel 2010 电子表格"应用程序，新建工作簿，并保存

（1）启动 Excel 2010，单击"开始"菜单，在"所有程序"中找到"Microsoft Office"文件夹，单击其中的"Microsoft Excel 2010"，启动"Excel 2010 电子表格"应用程序，如图 2-1 所示。

（2）单击"文件"中的"保存"按钮，如图 2-2 所示，打开"另存为"对话框。在左侧导航窗格中选择"文档"，在文件名后的文本框中输入"学生信息"，保存类型为"Excel 工作

图 2-1　启动"Excel 2010"应用程序

簉",如图 2-3 所示。

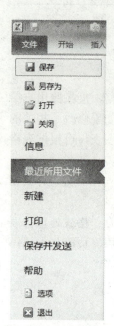

图 2-2 "文件"中的
　　"保存"命令

图 2-3 "另存为"对话框

（3）打开"文档"文件夹可以看到刚刚创建的 Excel 工作簿，如图 2-4 所示。

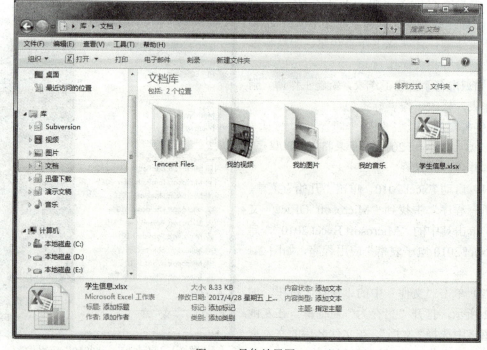

图 2-4　最终效果图

2. 新建工作表

（1）单击"新建工作表"按钮，如图 2-5 所示，新建工作表，最终效果图如图 2-6 所示。

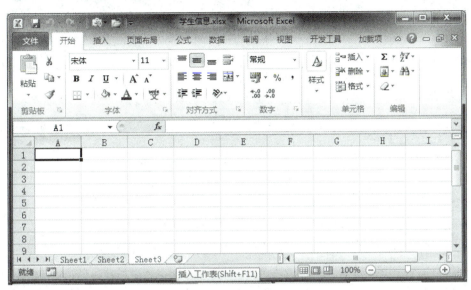

图 2-5　"新建工作表"命令

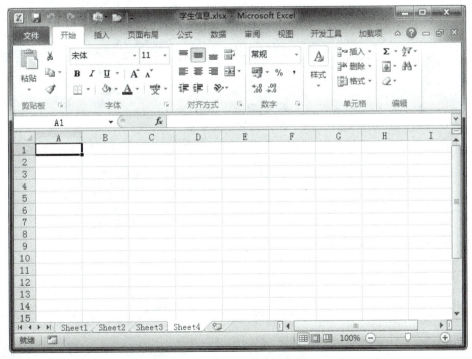

图 2-6　新建工作表效果图

（2）修改工作表名称。在"Sheet4"工作表名称上单击鼠标右键，然后在打开的快捷菜单上选择"重命名"命令，如图 2-7 所示。输入工作表名称"学生入学信息"，单击回车键。最终效果图如图 2-8 所示。

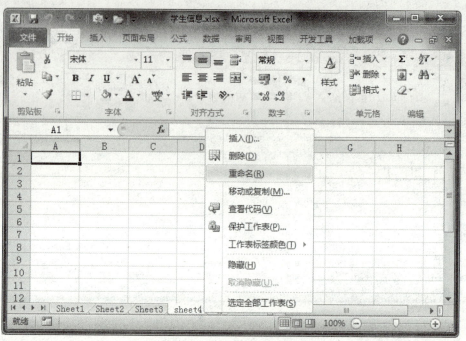

图 2-7　工作表"重命名"命令

图 2-8　工作表重命名效果图

3. 修改工作表标签颜色

（1）在工作表"学生入学信息"表名上单击鼠标右键，在快捷菜单中选择"工作表标签颜色"命令，选择"水绿色，强调文字颜色 5，深色 25%"命令，如图 2-9 所示。当单击其他表名时，可看到最终效果，如图 2-10 所示。

图 2-9　修改"工作表标签颜色"命令

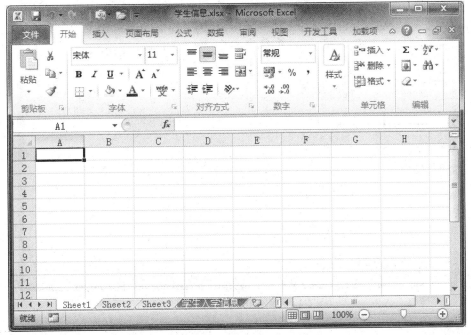

图 2-10　修改工作表标签颜色最终效果

4. 删除其他工作表

删除"Sheet1"。鼠标右键单击"Sheet1"表名，在快捷菜单中选择"删除"命令，如图 2-11 所示。用同样方法依次删除"Sheet2""Sheet3"。最终效果如图 2-12 所示。

图 2-11 "删除"工作表命令

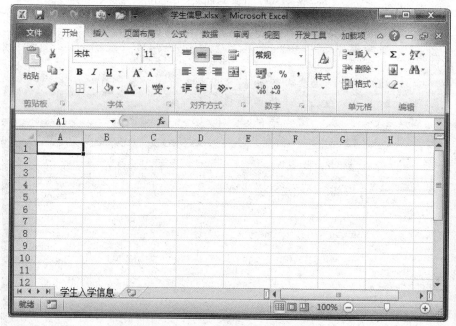

图 2-12 删除工作表后最终效果图

5. 另存为

（1）选择"文件"中的"另存为"命令，如图 2-13 所示。

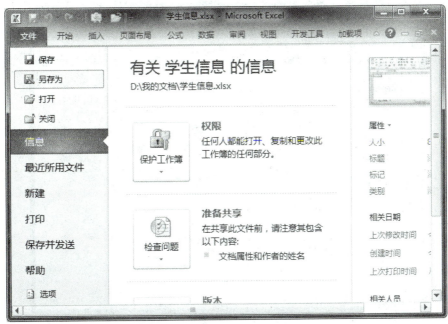

图 2-13　"另存为"命令对话框

（2）在打开的"另存为"对话框的文件名后面的文本框中输入"学生入学"，选择保存类型为"CSV（逗号分隔）（*.csv）"，如图 2-14 所示。最后打开"文档"文件夹，可以看到最终效果图，如图 2-15 所示。

图 2-14　"另存为"对话框的设置

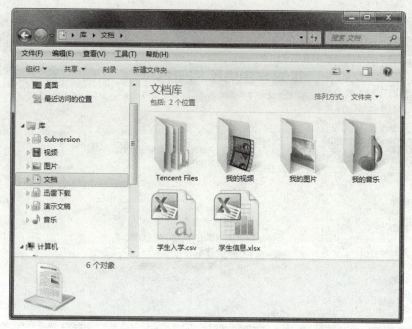

图 2-15　最终效果图

【任务总结】本任务使用 Excel 新建工作表命令、工作表重命名命令、工作表删除命令、工作表标签颜色修改命令，保存设置等。

微课 2-1　Excel 文档的创建与保存

任务2　Excel 文档中数据的录入

【任务目标】制作如图 2-16 所示的表格。利用 Excel 2010 录入如下信息，并将工作表保存为"学生信息.xlsx"。

学号	姓名	年龄	出生日期	身份证号	分数
201501	赵	19	1996-12-1	210717199612012002	9/10
201502	钱	18	1997-5-7	210727199705070078	67/77
201503	孙	20	1995-9-25	210323199509253209	43/50
201504	李	17	1998-8-12	210825199808120023	3/4

图 2-16　任务二 最终效果图

【任务分析】本项目要求利用 Excel 2010 进行数据的录入及数据格式的修改等操作。

【知识准备】掌握 Excel 文本数字、日期、分数等数据的录入方法，掌握设置单元格格式对话框的使用方法，学会数据的删除等。

【任务实施】

1. 启动 Excel 2010，建立新文档

（1）选择"开始"→"所有程序"→"Microsoft Office"→"Microsoft Excel 2010"命令，启动 Excel 2010，如图 2-17 所示。

（2）系统自动建立一个文件名为"工作簿 1"的空文档（此文件名为临时文件名）。系统默认为自动建立三张工作表，名字分别为"Sheet1""Sheet2""Sheet3"，如图 2-18 所示。

2. 数据录入

（1）表头（列标题）的录入。将光标（插入点）移动到 A1 单元格，打开中文输入法，输

图 2-17　启动 Excel 2010

入"学号"二字，若按行输入，则按"→"向右移到一列，输入"姓名"二字……；若按列输入，则每输入完一个数据，就按一次回车键，光标向下移动一行。这里先按行完成表头的输入，效果如图 2-19 所示。

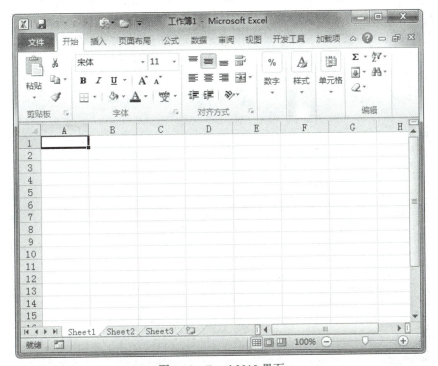

图 2-18　Excel 2010 界面

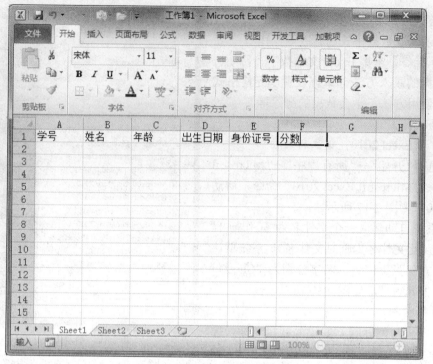

图 2-19　表头数据的录入效果图

（2）输入学号和身份证号。输入纯数字的文本，有两种方法：

① 输入学号。将光标移到 B1 单元格，键入"201501"并按回车键，"201501"在单元格中自动左对齐，表明此数据为文本（文本默认为左对齐状态），单元格左上角有一个绿色小标记，也表明此单元格中数据为文本（即使改变此单元格的对齐方式，绿色标记也不会消失）。按此方法输入剩余学号，效果如图 2-20 所示。此方法用于小批量输入。

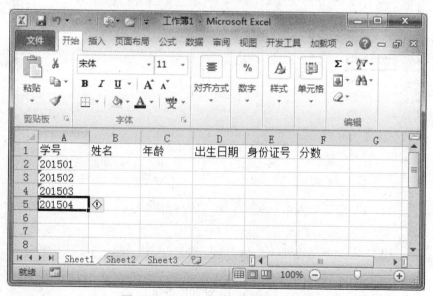

图 2-20　录入"学号"列数据效果图

② 输入身份证号。将光标移到 E2 单元格，若直接输入"210717199612012002"，系统认为这个数值较大，故用科学记数法表示，会出现"2.10717E+17"，如图 2-21 所示。

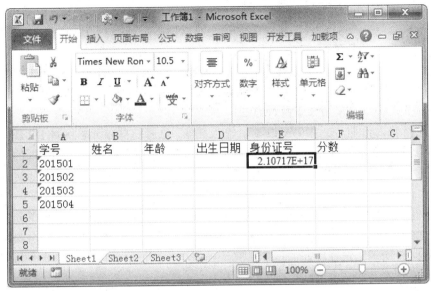

图 2-21 错误录入"身份证号"列数据效果图

此时，先删除此单元格中的数据，选定单元格区域 E2:E5，并在此区域单击鼠标右键，在弹出的快捷菜单中选择"设置单元格格式（F）…"命令，如图 2-22 所示。打开"设置单元格格式"对话框，如图 2-23 所示。

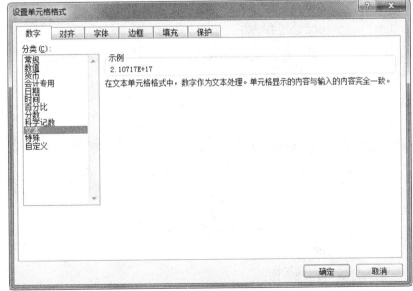

图 2-22 快捷菜单中的"设置单元格格式"命令

图 2-23 "设置单元格格式"对话框

单击"数字"按钮，在"分类"中选择"文本"，并单击"确定"按钮，此时再在 E2:E5 单元格区域中输入身份证号，就会正确显示了（输入完毕，左上角也会出现绿色小标记，表

图 2-24 "设置单元格
格式"对话框

示是文本格式）。此方法用于大批量输入。

（3）输入"姓名"列数据。正常输入"姓名"列数据，自动左对齐。

（4）输入"年龄"列数据。正常输入"年龄"列数据，自动右对齐。

（5）输入"出生日期"列数据。输入"1996/12/1"，显示为"1996-12-1"。若要输入其他格式的日期（如 1996 年 12 月 1 日），可采用如下两种方法：

① 先正常输入日期，如"1996-12-1"，输入完毕，选择这些单元格区域 D2:D5，单击"设置单元格格式——数字"按钮，如图 2-24 所示打开"设置单元格格式"对话框的"数字"选项卡，在分类中选择"日期"，如图 2-25 所示，选择所需的日期格式即可全部转换成所选日期格式。

② 先选择要输入日期的单元格区域 D2:D5，单击鼠标右键，选择"设置单元格格式"命令，如图 2-26 所示，打开"设置单元格格式"对话框，单击"数字"按钮，在分类中选择"日期"，如图 2-25 所示，选择所需的日期格式。当在 D2 这个单元格中输入"1996/12/1"时，该日期自动转变成"1996 年 12 月 1 日"。

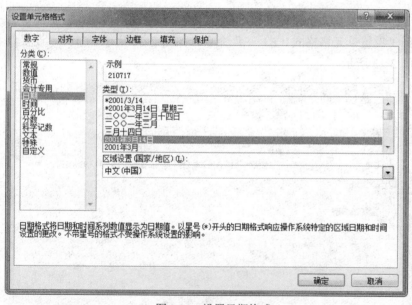

图 2-25 设置日期格式

图 2-26 右键快捷菜单

（6）输入分数。

输入分数有两种方法：

① 单击单元格 F2，键入"0+空格+9/10"，单元格中显示为"9/10"，编辑栏中显示"0.9"，表明此单元格中存放的是数值 0.9。依此方法输入其他分数。此方法用于小批量输入。

② 选择要输入日期的单元格区域 F2:F5，用上面的方法，打开"设置单元格格式"对话框，选择"数字"选项卡，在分类中选择"分数"，如图 2-27 所示，选择所需的分数格式。

当在 F2 这个单元格中输入"9/10"时，单元格中显示为"9/10"，编辑栏中显示"0.9"，表明此单元格中存放的是数值 0.9。依此方法输入其他分数。此方法用于大批量输入。

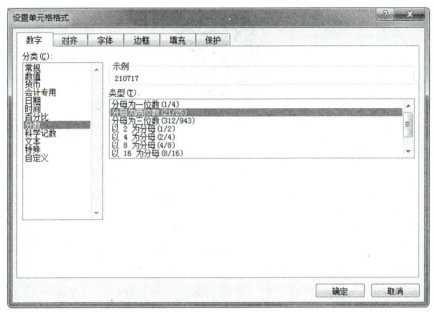

图 2-27　设置分数格式

3. 保存文档

选择"文件"→"保存"命令，打开"另存为"对话框，如图 2-28 所示。

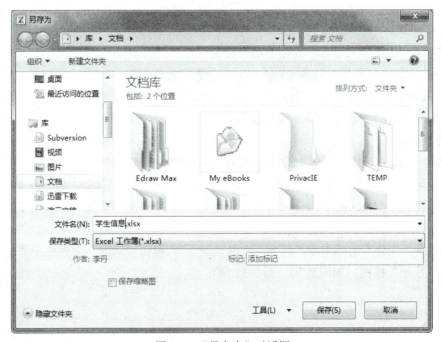

图 2-28　"另存为"对话框

信息技术基础——案例与习题（下）

【任务总结】本任务使用 Excel 设置单元格格式对话框对录入的数据格式进行设置，掌握文本数字的录入方法和分数的录入方法。

微课 2-2　Excel 文档中数据的录入

任务 3　Excel 单元格格式的设置

【任务目标】启动 Excel 2010，打开工作簿"任务三 Excel 单元格格式的设置.xlsx"。

选择工作表"Sheet1"完成如下操作：

（1）将第一行标题文字"学生信息表"设置从 A1 至 G1 单元格合并后居中；修改"标题2"样式，字体使用"微软雅黑"，大小为 20 磅，并将该样式应用到标题文字上。

（2）删除"民族"列和"性别"列。调整列的顺序为："序号""学号""姓名""班级"，"住址""出生日期""备注"。

（3）调整"出生日期"列宽度为最合适列宽。调整"班级"列宽为 7 磅。

（4）设定"出生日期"列值格式为"03/29"。

（5）除"地址"列设置为"左对齐"，其他列设置为"居中对齐"（上、下都居中）。

（6）设置标题行字号 12，加粗，并设置标题行单元格背景颜色为"蓝色，强调文字颜色 1，淡色 40%"。

（7）清除"住址"列所有单元格的超链接。

【任务分析】本任务要求使用 Excel 中对工作表单元格的编辑与格式的处理。

【知识准备】掌握 Excel 标题设置，字体字号设置，删除单元格，调列顺序，调整列宽，单元格设置，改变对齐方式，清除超链接的方法。

【任务实施】

1. 启动"Excel 2010 电子表格"应用程序，打开工作"任务三"

（1）启动 Excel 2010，单击"开始"按钮，在"所有程序"中找到"Microsoft Office"文件夹，单击其中的"Microsoft Excel 2010"，启动"Excel 2010 电子表格"应用程序，如图 2-29 所示。

（2）选择"文件"选项卡组"打开"中的"桌面"，单击"素材"文件夹中"任务三"文档，单击"打开"按钮。如图 2-30、图 2-31 所示。

图 2-29　启动"Excel 2010 电子表格"应用程序

图 2-30　"文件—打开"命令

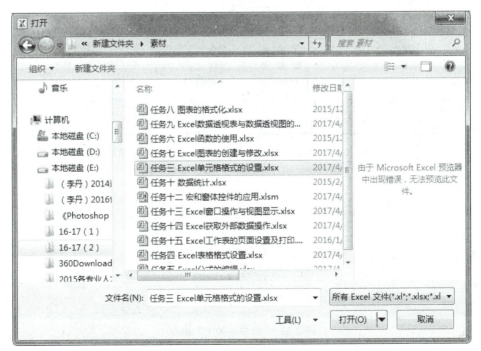

图 2-31　"打开"对话框

2. 修改单元格格式

（1）选中 A1～G1 单元格，如图 2-32 所示，选择"开始"选项卡，单击"对齐方式"组中"合并后居中"按钮，如图 2-33 所示。最终效果如图 2-34 所示。

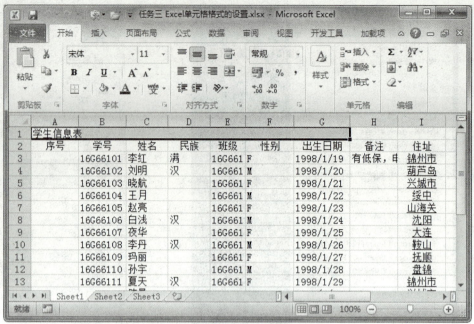

图 2-32　选中 A1～G1 单元格

图 2-33　"合并后居中"命令

（2）选择"开始"选项卡，在"样式"中右键单击"单元格样式"中"标题 2"，在快捷菜单中选择"修改"命令。如图 2-35 所示。打开"样式"对话框，如图 2-36 所示。

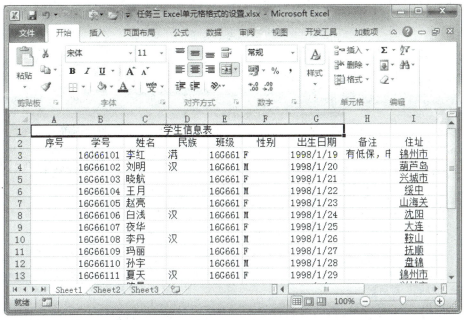

图 2-34　合并后居中效果图

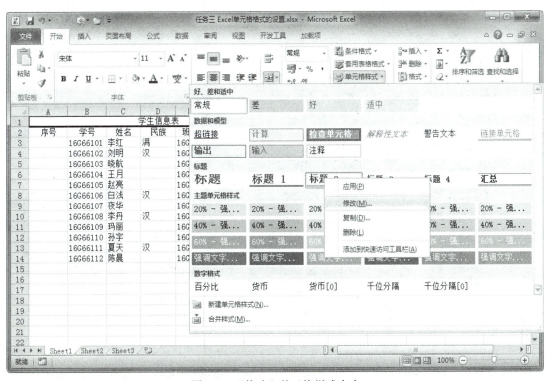

图 2-35　"修改"单元格样式命令

（3）单击"样式"对话框中的"格式"按钮，打开"设置单元格格式"对话框，选择"字体"选项卡，在"字体"中选择"微软雅黑"字体，字号为"20"，如图 2-37 所示。然后单击"确定"按钮，继续单击"样式"对话框中的"确定"按钮。

信息技术基础——案例与习题（下）

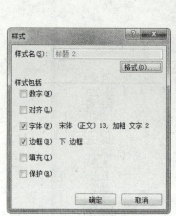

图 2-36 "样式"对话框

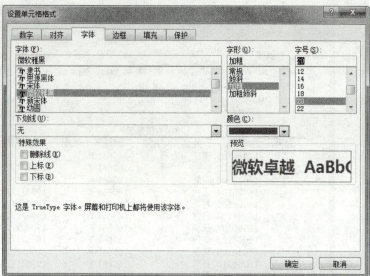

图 2-37 "设置单元格格式"对话框

（4）选中标题，单击"开始"按钮，"样式"组中的"单元格样式"下拉按钮，单击"标题 2"样式按钮，如图 2-38 所示。最终效果如图 2-39 所示。

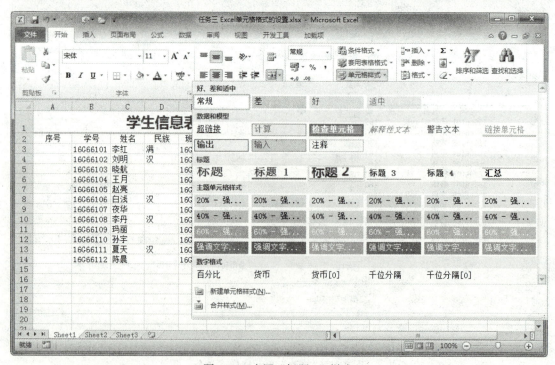

图 2-38 应用"标题 2"样式

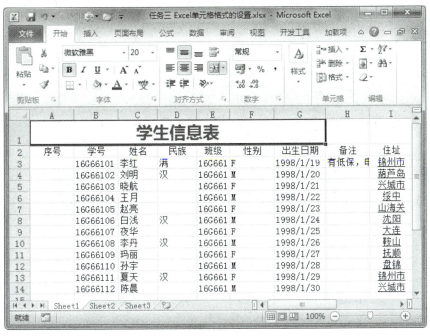

图 2-39　应用"标题 2"样式的最终效果

3. 删除列及调整列顺序

（1）单击 D 列和 H 列的列标，选中所要删除的列，单击"开始"按钮，"单元格"组中的"删除"命令的下拉按钮，选择"删除工作表列"命令，如图 2-40 所示。最终效果如图 2-41 所示。

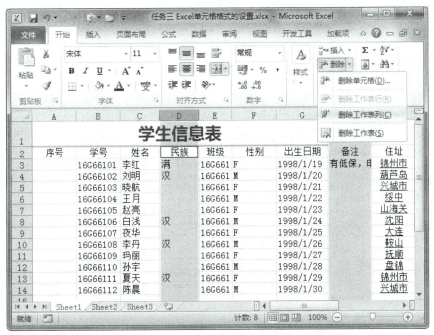

图 2-40　"删除工作表列"命令

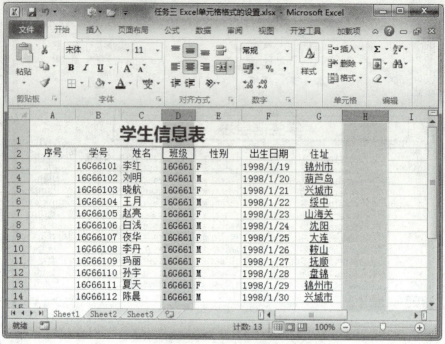

图 2-41　删除列效果图

（2）选中"住址"一列，移动鼠标指针到选定区域的黑色边框上，待指针变成四向箭头形状时按住"Shift"键，并用鼠标拖拽到目标位置，形成"I 字型"虚线时释放鼠标和键盘，如图 2-42 所示。最终效果如图 2-43 所示。

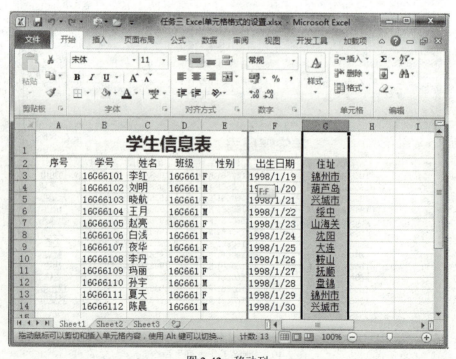

图 2-42　移动列

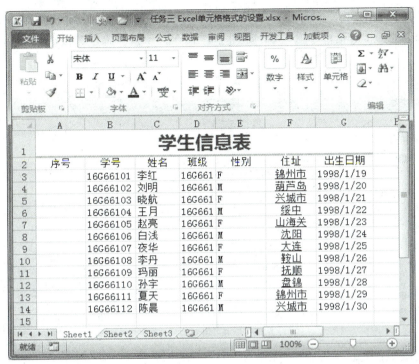

图 2-43　移动列后效果图

4. 调整单元格列宽

（1）选中"出日期"列，选择"开始"选项卡中的"单元格"组中的"格式"命令，如图 2-44 所示。在弹出的菜单中选择"自动调整列宽"命令，如图 2-45 所示。

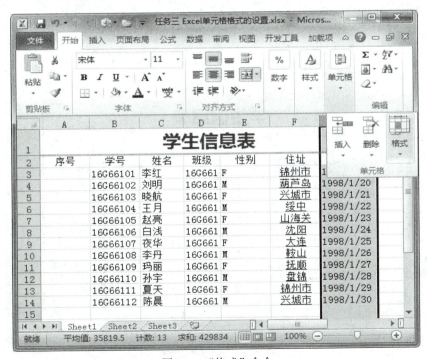

图 2-44　"格式"命令

（2）选择"班级"列，单击鼠标右键，在弹出的快捷菜单中选择"列宽"命令，如图 2-46 所示。在弹出的列宽对话框中输入 7，如图 2-47 所示，单击"确定"按钮。

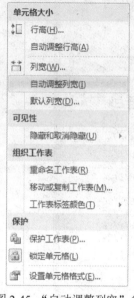
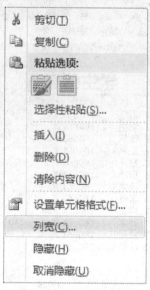

图 2-45 "自动调整列宽"命令　　图 2-46 "列宽"命令　　图 2-47 "列宽"对话框

5. 设定日期格式

（1）选择"开始"选项卡，单击"数字"组的设置按钮，如图 2-48 所示。

图 2-48 "设置"按钮

（2）打开"设置单元格格式"对话框，选择"数字"选项卡，在"分类"中选择"自定义"，在"类型"中输入"mm/dd"，如图 2-49 所示，单击"确定"按钮。最终效果如图 2-50 所示。

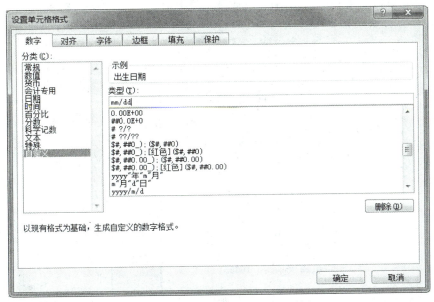

图 2-49 "设置单元格格式"对话框

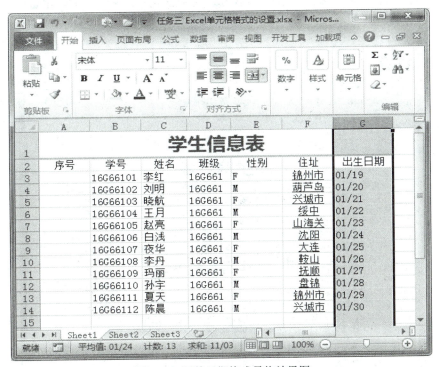

图 2-50 调整日期格式最终效果图

6. 单元格对齐方式

选中"地址"列，在"开始"选项卡中"对齐方式"里单击"左对齐"，如图 2-51 所示，其他列如"地址"同样的做法，如图 2-52 所示。

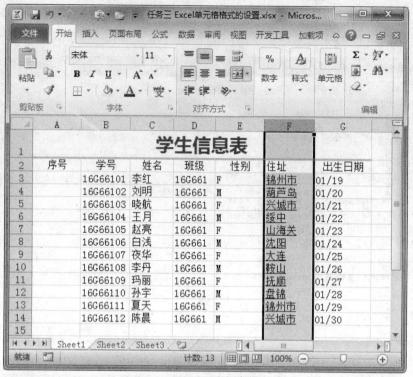

图 2-51　设置"地址"列左对齐

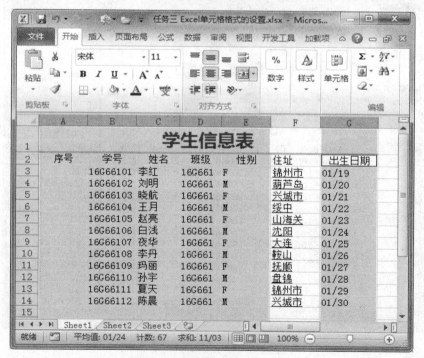

图 2-52　设置"其他"居中对齐

7. 设置行字号，填充标题背景

（1）选中标题行，选择"开始"选项卡，在"字体"组中，设置字号"12"，单击"加粗"

按钮，选择"填充颜色"为"蓝色，强调文字颜色 1，淡色 40%"，如图 2-53 所示。

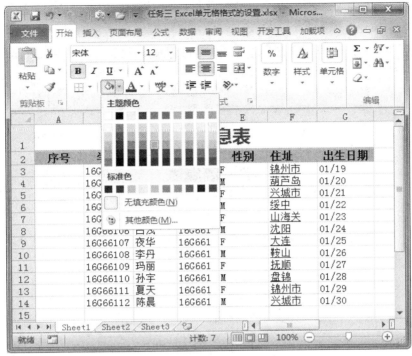

图 2-53 设置标题行格式

（2）最终效果图如图 2-54 所示。

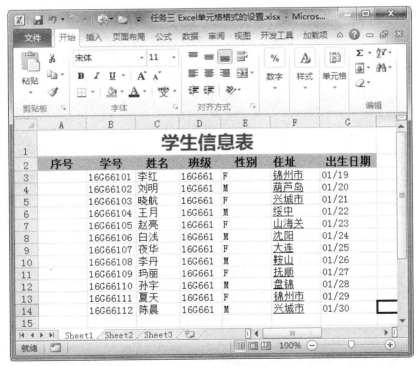

图 2-54 设置标题行最终效果图

8. 清除单元格的超链接

（1）选中"住址"列，单击"开始"选项卡中"编辑"组中的"清除"按钮，选择"清除超链接（L）"命令，如图 2-55 所示。

图 2-55 "清除超链接"命令

（2）最终效果如图所 2-56 示。

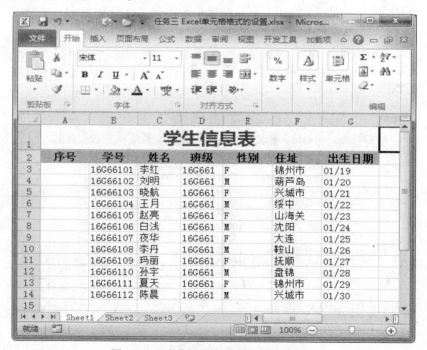

图 2-56 "清除超链接"命令后的效果图

【任务总结】本任务使用 Excel 开始选项卡中的命令，进行合并单元格、对齐方式、字体、字号、调整列宽、调整列的顺序等操作。

微课 2-3　Excel 单元格格式的设置

任务 4　Excel 表格格式设置

【任务目标】启动 Excel 2010，打开工作簿"任务四 Excel 表格格式设置.xlsx"。

选择工作表"Sheet1"完成如下操作：

将工作表内容格式化为表格，套用"表样式中等深浅 19"表格样式。再转换为区域。

选择工作表"Sheet2"完成如下操作：

（1）使用"三个符号（有圆圈）"图标集设定"总分"列值的条件格式：大于或等于 195，显示"绿色标记"；小于 185，则显示"红色标记"；其余不显示任何图标。

（2）"等级"列，使用"突出显示单元格规则"设置，单元格值为"A"，则文字显示为"黄色"。

【任务分析】本任务要求利用 Excel 2010 为表格套用样式，再将表格转换为区域；使用条件格式命令设置特殊条件格式。

【知识准备】学会套用表格样式，将表格转换为区域等。

【任务实施】

1. 打开素材文件"任务四 Excel 表格格式设置.xlsx"，选择"Sheet1"工作表

（1）选中数据区域，如图 2-57 所示。

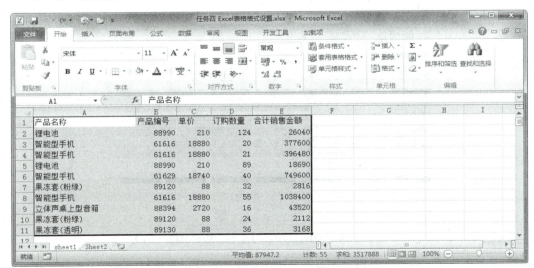

图 2-57　选中数据区域

（2）选择"开始"选项卡，单击"样式"组中"套用表格格式"后面的下拉按钮，如图 2-58 所示。

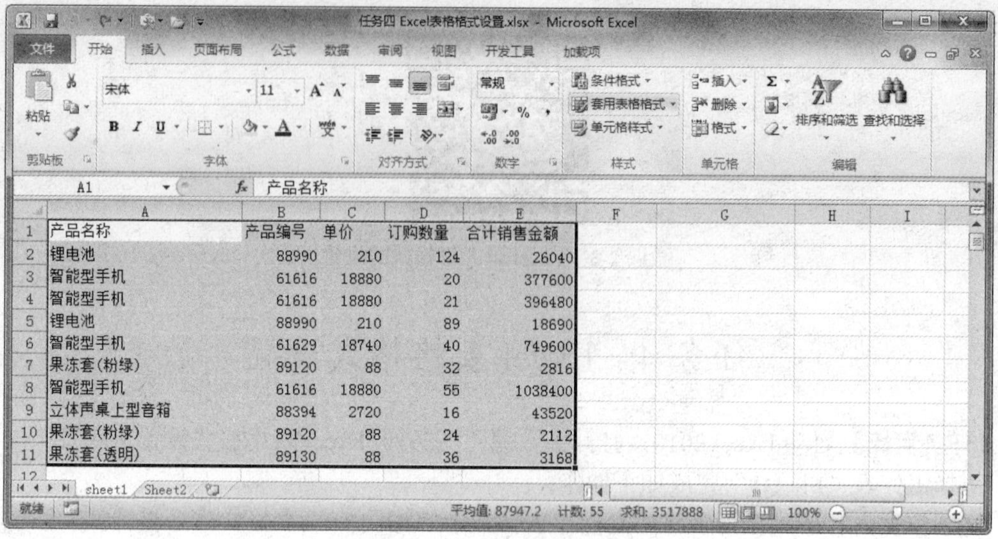

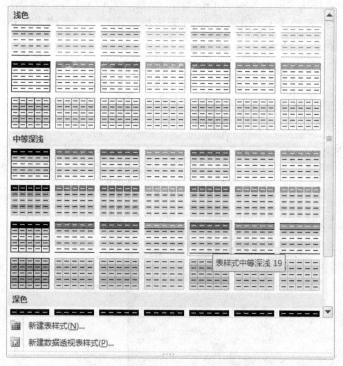

图 2-58 "套用表格格式"命令

（3）单击其中的"表样式中等深浅 19"，如图 2-59 所示。

图 2-59 "表样式中等深浅 19"表格样式

（4）在弹出的"套用表格格式"对话框中，确认数据区域，选择"表包含标题"复选框，如图 2-60 所示。单击"确定"按钮。

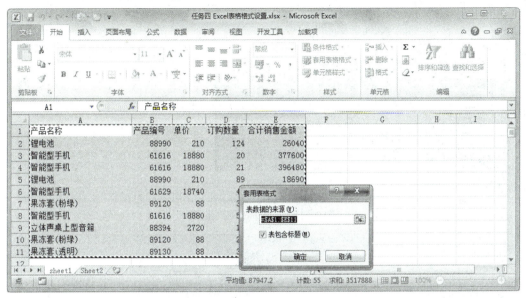

图 2-60　"套用表格样式"对话框

（5）最终效果如图 2-61 所示。

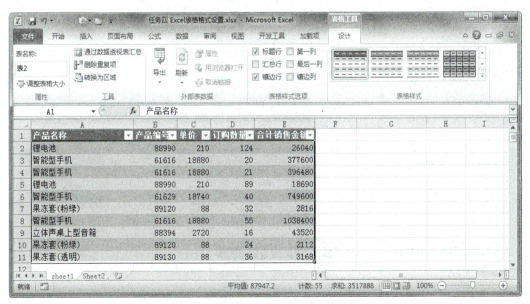

图 2-61　套用表格样式的最终效果图

（6）选择表格区域，打开"表格工具"选项卡，单击"设计"按钮，单击"工具"组中的"转换为区域"按钮，如图 2-62 所示。

（7）在弹出的对话框中，单击"是"按钮，如图 2-63 所示。

（8）最终效果如图 2-64 所示。

信息技术基础——案例与习题（下）

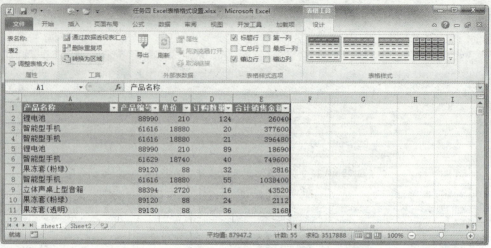

图 2-62 "转换为区域"命令

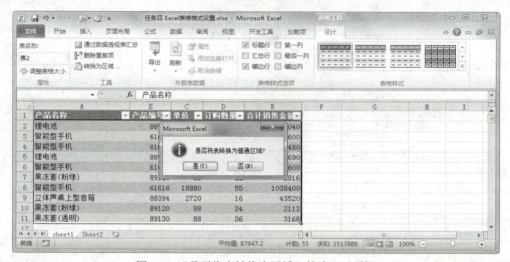

图 2-63 "是否将表转换为区域"的确认对话框

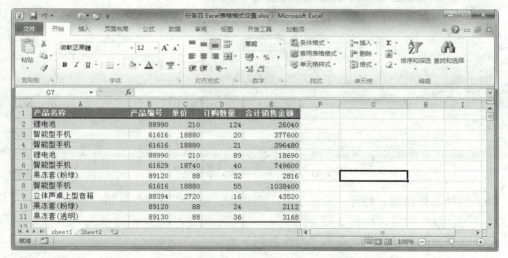

图 2-64 表格转换为区域的最终效果图

2. 选择"Sheet2"工作表

（1）选中"总分"列，打开"开始"选项卡，单击"条件格式"命令后面的下拉按钮，选择"新建规则"命令，如图 2-65 所示。

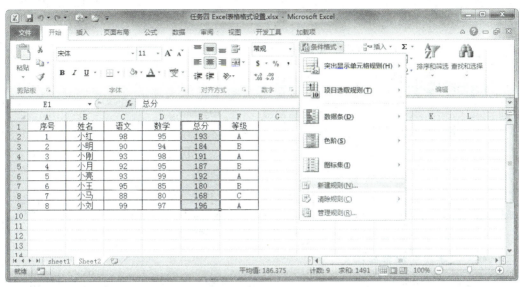

图 2-65　"新建规则"命令

（2）在"新建格式规则"对话框中，"格式样式"后面选择"图标集"，其他设置如图 2-66 所示。单击"确定"按钮。最终效果如图 2-67 所示。

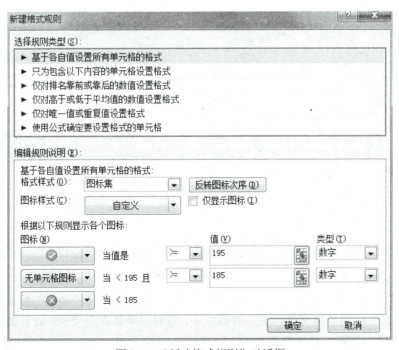

图 2-66　"新建格式规则"对话框

信息技术基础——案例与习题（下）

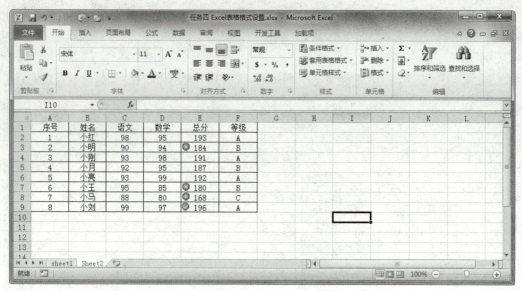

图 2-67 "新建格式规则"最终效果图

3. 修改"等级"列条件格式

（1）选中"等级"列，打开"开始"选项卡，单击"条件格式"后面的下拉按钮，选择"等于"命令，如图 2-68 所示。

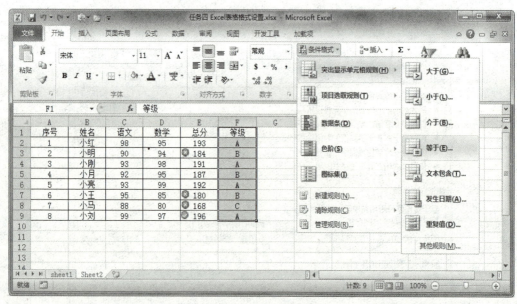

图 2-68 "等于"命令

（2）在弹出的"等于"对话框中，设置如图 2-69 所示。单击"确定"按钮。

（3）在弹出的"设置单元格格式"对话框中，选择"字体"选项卡，设置如图 2-70 所示。然后单击"确定"按钮。最终效果如图 2-71 所示。

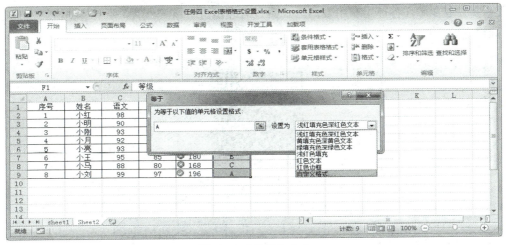

图 2-69 "等于"命令

图 2-70 "设置单元格格式"对话框

图 2-71 "设置单元格格式"最终效果图

【任务总结】本任务使用套用表格样式命令对表格进行格式设置，使用条件格式对表格进行特殊格式的设置。

微课 2-4　Excel 表格格式设置

任务5　Excel 公式和函数的使用

【任务目标】有一个工作表，内容如图 2-72 所示。要求使用公式及函数计算每个人的总分、平均分以及分数等级（90 分及 90 分以上为"优"，80 分及 80 分以上为"良"，70 分及 70 分以上为"中"，60 分及 60 分以上为"及格"，60 分以下为"不及格"），根据分数排名次，统计每个分数段的人数及百分比。

	A	B	C	D	E	F	G	H	I	J
1	学生成绩表									
2	分数段	90~100	80~90	70~80	60~70	60以下				
3	人数									
4	比例									
5	编号	姓名	数学	语文	物理	化学	总分	平均分	等级	名次
6	1	赵	87	98	65	73				
7	2	钱	98	90	87	82				
8	3	孙	56	87	45	78				
9	4	李	45	60	23	69				
10	5	周	76	89	82	93				
11	6	吴	74	89	94	86				
12	7	郑	100	92	89	94				
13	8	王	45	85	60	64				
14	9	冯	91	87	79	83				
15	10	陈	67	60	78	85				
16	11	褚	69	81	49	78				
17	12	卫	90	82	80	88				

图 2-72　项目素材表

【任务分析】本任务要求利用 Excel 2010 的公式和函数进行数据统计和计算。

【知识准备】掌握 Excel 公式的编辑和函数的使用。

【任务实施】

1. 启动 Excel 2010，打开工作簿"任务五 Excel 公式和函数的使用.xlsx"，选择工作表"Sheet1"

2. 使用函数和公示计算数值

（1）计算"赵"的总分。

有以下几种方法：

方法一：

① 单击单元格 G6。

② 单击编辑栏上的"插入函数"按钮，如图 2-73 所示，或选择"公式"命令，选择"函数库"组中的"插入函数"命令，如图 2-74 所示，均可打开"插入函数"对话框，在"选择函数"列表框中选择"SUM"函数，如图 2-75 所示。

图 2-73　编辑栏上的"插入函数"按钮

图 2-74　功能区的"插入函数"命令

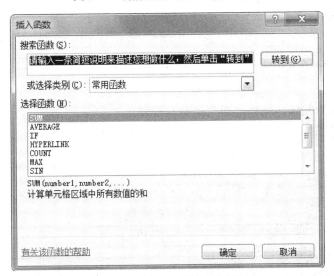

图 2-75　"插入函数"对话框

③ 单击"确定"按钮，打开"函数参数"对话框，如图 2-76 所示。

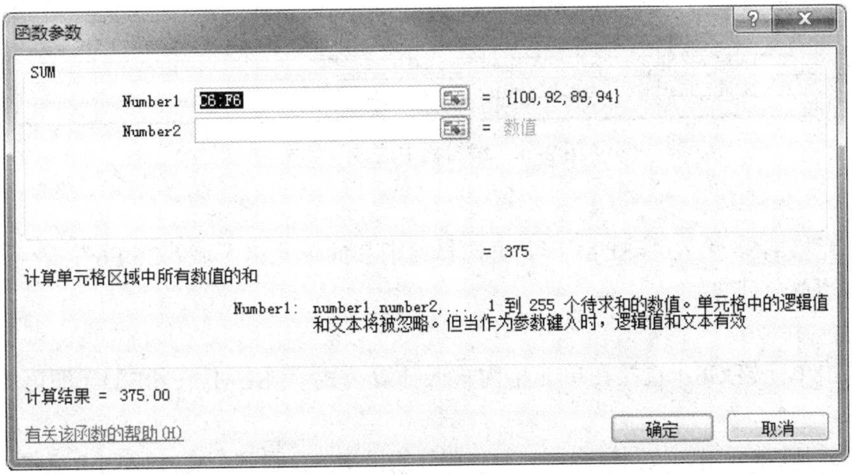

图 2-76　"函数参数"对话框

④ 可以直接输入需要求和的单元格区域的地址 "C6:F6"，也可以采用如下方法：单击参数框右边的按钮，隐藏 "函数参数" 对话框，然后在工作表中选择要求和的单元格区域 "C6:F6"，此时所选定的单元格区域被一个虚框围住，如图 2-77 所示。再单击按钮，返回 "函数参数" 对话框，则选定的单元格区域地址将自动填入对话框的参数栏中。

	A	B	C	D	E	F	G	H	I	J
1				学生成绩表						
2	分数段	90～100	80～90	70～80	60～70	60以下				
3	人数									
4	比例									
5	编号	姓名	数学	语文	物理	化学	总分	平均分	等级	名次
6	1	赵	87	98	65	73	(C6:F6)			
7	2	钱	98	90	87	82				
8	3	孙	56	87	45	78				
9	4	李	45	60	23	69				
10	5	周								
11	6	吴								
12	7	郑								
13	8	王	45	85	60	64				
14	9	冯	91	87	79	83				
15	10	陈	67	60	78	85				
16	11	褚	69	81	49	78				
17	12	卫	90	82	80	88				

函数参数
C6:F6

图 2-77　选择数据区域

⑤ 单击 "确定" 按钮，完成 "赵" 的总分计算。

⑥ 此时在 "赵" 的总分单元格出现 "323"，同时编辑栏显示计算公式 "=SUM（C6:F6）"，如图 2-78 所示。

G6　fx　=SUM(C6:F6)

	A	B	C	D	E	F	G	H	I	J
1				学生成绩表						
2	分数段	90～100	80～90	70～80	60～70	60以下				
3	人数									
4	比例									
5	编号	姓名	数学	语文	物理	化学	总分	平均分	等级	名次
6	1	赵	87	98	65	73	323			
7	2	钱	98	90	87	82				
8	3	孙	56	87	45	78				
9	4	李	45	60	23	69				
10	5	周	76	89	82	93				
11	6	吴	74	89	94	86				
12	7	郑	100	92	89	94				
13	8	王	45	85	60	64				
14	9	冯	91	87	79	83				
15	10	陈	67	60	78	85				
16	11	褚	69	81	49	78				
17	12	卫	90	82	80	88				

图 2-78　编辑栏中的显示公式

方法二：

点击单元格 G6，输入 "=SUM（"，再选择要求和的单元格区域 "C6:F6"，最后输入 "）"，完成 "赵" 的总分计算。

方法三：

（1）单击单元格 G6，直接在单元格内输入计算公式 "=SUM（C6:F6）" 即可完成 "赵" 的总分计算。

（2）单击 H6 单元格，按同样方法计算 "赵" 的平均分，得到公式 "=AVERAGE（C6:F6）"。

（3）单击 I6 单元格，输入公式 "=IF（H6>=90，"优"，IF（H6>=80，"良"，IF（H6>=70，

"中"，IF（H6>=60，"及格"，"不及格"))))"，如图 2-79 所示，然后单击编辑栏中的 ✔ 确认按钮，或者单击回车键。

	A	B	C	D	E	F	G	H	I	J	K
	AVERAGE		✕ ✔	=IF(H6>=90,"优",IF(H6>=80,"良",IF(H6>=70,"中",IF(H6>=60,"及格","不及格"))))							
1					学生成绩表						
2	分数段	90～100	80～90	70～80	60～70	60以下					
3	人数										
4	比例										
5	编号	姓名	数学	语文	物理	化学	总分	平均分	等级	名次	
6	1	赵	87	98	65	73	323	80.75	i>=90,"优",IF(H		
7	2	钱	98	90	87	82					
8	3	孙	56	87	45	78					
9	4	李	45	60	23	69					
10	5	周	76	89	82	93					
11	6	吴	74	89	94	86					
12	7	郑	100	92	89	94					
13	8	王	45	85	60	64					
14	9	冯	91	87	79	83					
15	10	陈	67	60	78	85					
16	11	褚	69	81	49	78					
17	12	卫	90	82	80	88					

图 2-79　计算"等级"

（4）选择单元格区域"G6:I6"，拖动单元格区域右下角的控制柄向下到第 17 行，如图 2-80 所示，完成所有人的数据计算，结果如图 2-81 所示。

	A	B	C	D	E	F	G	H	I	J
1					学生成绩表					
2	分数段	90～100	80～90	70～80	60～70	60以下				
3	人数									
4	比例									
5	编号	姓名	数学	语文	物理	化学	总分	平均分	等级	名次
6	1	赵	87	98	65	73	323	80.75	良	
7	2	钱	98	90	87	82				
8	3	孙	56	87	45	78				
9	4	李	45	60	23	69				
10	5	周	76	89	82	93				
11	6	吴	74	89	94	86				
12	7	郑	100	92	89	94				
13	8	王	45	85	60	64				
14	9	冯	91	87	79	83				
15	10	陈	67	60	78	85				
16	11	褚	69	81	49	78				
17	12	卫	90	82	80	88				

图 2-80　选择拖动区域

	A	B	C	D	E	F	G	H	I	J
1					学生成绩表					
2	分数段	90～100	80～90	70～80	60～70	60以下				
3	人数									
4	比例									
5	编号	姓名	数学	语文	物理	化学	总分	平均分	等级	名次
6	1	赵	87	98	65	73	323	80.75	良	
7	2	钱	98	90	87	82	357	89.25	良	
8	3	孙	56	87	45	78	266	66.5	及格	
9	4	李	45	60	23	69	197	49.25	不及格	
10	5	周	76	89	82	93	340	85	良	
11	6	吴	74	89	94	86	343	85.75	良	
12	7	郑	100	92	89	94	375	93.75	优	
13	8	王	45	85	60	64	254	63.5	及格	
14	9	冯	91	87	79	83	340	85	良	
15	10	陈	67	60	78	85	290	72.5	中	
16	11	褚	69	81	49	78	277	69.25	及格	
17	12	卫	90	82	80	88	340	85	良	

图 2-81　选择拖动区域最终效果图

（5）修改平均分的小数位数。选择单元格区域 H6:H17，选择"开始"命令，选择"数字"

组中的设置按钮，打开"单元格格式"对话框，在"数字"选项卡的"分类"列表框中，单击"数值"按钮，设置"小数位数"为2，并单击"确定"按钮。效果如图 2-82 所示。

（6）单击"文件"按钮，选择"保存"命令，将刚才的操作结果存盘。

（7）根据平均分（或总分）确定名次。

① 选择单元格区域 A5:J17。

② 选择"开始"选项卡，单击"编辑"组中的"排序和筛选"按钮，选择"自定义排序"命令，如图 2-83 所示。

编号	姓名	数学	语文	物理	化学	总分	平均分	等级	名次
1	赵	87	98	65	73	323.00	80.75	良	
2	钱	98	90	87	82	357.00	89.25	良	
3	孙	56	87	45	78	266.00	66.50	及格	
4	李	45	60	23	69	197.00	49.25	不及格	
5	周	76	89	82	93	340.00	85.00	良	
6	吴	74	89	94	86	343.00	85.75	良	
7	郑	100	92	89	94	375.00	93.75	优	
8	王	45	85	60	64	254.00	63.50	及格	
9	冯	91	87	79	83	340.00	85.00	良	
10	陈	67	60	78	85	290.00	72.50	中	
11	褚	69	81	49	78	277.00	69.25	及格	
12	卫	90	82	80	88	340.00	85.00	良	

图 2-82　修改平均分的小数位数最终效果图　　图 2-83　"自定义排序"命令

③ 打开的"排序"对话框，在"主要关键字"下拉列表中选择"平均分"，顺序选择"降序"，如图 2-84 所示。

图 2-84　"排序"对话框

④ 其他选项不变，单击"确定"按钮，完成按平均分的降序排序。

⑤ 在 J6 单元格输入"1"，在 J7 单元格输入"2"，选择单元格区域 J6:J7。

⑥ 向下拖动单元格区域 J6:J7 右下角的控制柄到第 17 行，完成名次的填充。

3. 统计每个分数段的人数和百分比

（1）统计每个分数段的人数。结果如图 2-85 所示。

① 单击单元格 B3，输入公式"=COUNTIF（H6:H17，">=90"）"，统计平均分在 90 分及 90 分以上的人数。

② 单击单元格 C3，输入公式"=COUNTIF（H6:H17，">=80"）-COUNTIF（H6:H17，

">=90")",统计平均分在 80 分及 80 分以上的人数。公式也可写成"=COUNTIF（H6:H17，
">=80")）-B3"。

③ 单击单元格 D3，输入公式"=COUNTIF（H6:H17,">=70")-COUNTIF（H6:H17,">=80")"，
统计平均分在 70 分及 70 分以上的人数。公式也可写成"=COUNTIF（H6:H17，">=70")-
B3-C3"。

④ 单击单元格 E3，输入公式"=COUNTIF（H6:H17,">=60")-COUNTIF（H6:H17,">=70")"，
统计平均分在 60 分及 60 分以上的人数。公式也可写成"=COUNTIF（H6:H17，">=60")-
B3-C3-D3"。

⑤ 单击单元格 F3，输入公式"=COUNTIF（H6:H17，"<60")"，统计平均分小于 60 的
人数。

编号	姓名	数学	语文	物理	化学	总分	平均分	等级	名次
		学生成绩表							
分数段	90～100	80～90	70～80	60～70	60以下				
人数	1	6	1	3	1				
比例									
编号	姓名	数学	语文	物理	化学	总分	平均分	等级	名次
7	郑	100	92	89	94	375.00	93.75	优	1
2	钱	98	90	87	82	357.00	89.25	良	2
6	吴	74	89	94	86	343.00	85.75	良	3
5	周	76	89	82	93	340.00	85.00	良	4
9	冯	91	87	79	83	340.00	85.00	良	5
12	卫	90	82	80	88	340.00	85.00	良	6
1	赵	87	98	65	73	323.00	80.75	良	7
10	陈	67	60	78	85	290.00	72.50	中	8
11	褚	69	81	49	78	277.00	69.25	及格	9
3	孙	56	87	45	78	266.00	66.50	及格	10
8	王	45	85	60	64	254.00	63.50	及格	11
4	李	45	60	23	69	197.00	49.25	不及格	12

图 2-85 统计每个分数段的人数

（2）计算每个分数段的人数比例。结果如图 2-86 所示。

编号	姓名	数学	语文	物理	化学	总分	平均分	等级	名次
		学生成绩表							
分数段	90～100	80～90	70～80	60～70	60以下				
人数	1	6	1	3	1				
比例	0.0833333	0.5	0.0833333	0.25	0.0833333				
编号	姓名	数学	语文	物理	化学	总分	平均分	等级	名次
7	郑	100	92	89	94	375.00	93.75	优	1
2	钱	98	90	87	82	357.00	89.25	良	2
6	吴	74	89	94	86	343.00	85.75	良	3
5	周	76	89	82	93	340.00	85.00	良	4
9	冯	91	87	79	83	340.00	85.00	良	5
12	卫	90	82	80	88	340.00	85.00	良	6
1	赵	87	98	65	73	323.00	80.75	良	7
10	陈	67	60	78	85	290.00	72.50	中	8
11	褚	69	81	49	78	277.00	69.25	及格	9
3	孙	56	87	45	78	266.00	66.50	及格	10
8	王	45	85	60	64	254.00	63.50	及格	11
4	李	45	60	23	69	197.00	49.25	不及格	12

图 2-86 统计每个分数段的人数比例

① 在 B4 单元格输入公式"=B3/COUNT（H6:H17）"。

② 在 C4 单元格输入公式"=C3/COUNT（H6:H17）"。

③ 在 D4 单元格输入公式"=D3/COUNT（H6:H17）"。

④ 在 E4 单元格输入公式"=E3/COUNT（H6:H17）"。

⑤ 在 F4 单元格输入公式"=F3/COUNT（H6:H17）"。若在 B4 单元格输入公式"=B3/

COUNT（H6：H17）"，则可拖动单元格 B4 右下角的控制柄到单元格 F4，复制公式。

⑥ 选择单元格区域 B4:F4，选择"开始"命令，选择"数字"组中的设置按钮 ，打开"设置单元格格式"对话框，在"数字"选项卡的"分类"列表框中，单击"百分比"按钮，设置"小数位数"为 2，如图 2-87 所示，单击"确定"按钮。最终效果如图 2-88 所示。

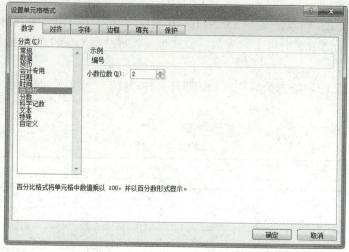

图 2-87 "设置单元格格式"对话框

学生成绩表

分数段	90～100	80～90	70～80	60～70	60以下				
人数	1	6	1	3	1				
比例	8.33%	50.00%	8.33%	25.00%	8.33%				
编号	姓名	数学	语文	物理	化学	总分	平均分	等级	名次
7	郑	100	92	89	94	375.00	93.75	优	1
2	钱	98	90	87	82	357.00	89.25	良	2
6	吴	74	89	94	86	343.00	85.75	良	3
5	周	76	89	82	93	340.00	85.00	良	4
9	冯	91	87	79	83	340.00	85.00	良	5
12	卫	90	82	80	88	340.00	85.00	良	6
1	赵	87	98	65	73	323.00	80.75	良	7
10	陈	67	60	78	85	290.00	72.50	中	8
11	褚	69	81	49	78	277.00	69.25	及格	9
3	孙	56	87	45	78	266.00	66.50	及格	10
8	王	45	85	60	64	254.00	63.50	及格	11
4	李	45	60	23	69	197.00	49.25	不及格	12

图 2-88 最终效果图

【任务总结】本任务使用 Excel 公式和函数进行数据计算，输入公式，必须以等号（=）开始，用运算符表示公式操作类型，用地址表示参与计算的数据位置。IF（）函数中的"优""良"等必须用双引号括起来。

微课 2-5 Excel 公式和函数的使用

任务 6　图表的创建与修改

【任务目标】启动 Excel 2010，打开工作簿"任务六 Excel 图表的创建与修改.xlsx"。

选择工作表"Sheet1"，完成如下操作：

使用"Sheet1"工作表 B4:G16 单元格的数值，在 H4:H16 单元格中插入"柱形图"迷你图，显示高低点，并设置"负点"标记颜色为"橙色，强调文字颜色 6"。

选择工作表"Sheet2"，完成如下操作：

编辑数据表来源，使柱形图纳入"华东"行的值。然后移动图表至新的工作表，名称为"统计图"。

选择工作表"Sheet3"，完成如下操作：

在"丰收饼"图表中使用多项式"顺序""3"的趋势预测，并预测未来"2"个月的价格，在图表上显示公式和 R 平方值。

【任务分析】本任务要求利用 Excel 2010 插入迷你图，修改数据源，移动图表，给图表添加趋势预测。

【知识准备】学会插入迷你图，编辑数据源，移动图表，插入趋势预测。

【任务实施】

1. 打开素材"任务七 Excel 图表的创建与修改.xlsx"。选择工作表"Sheet1"

（1）单击"插入"按钮，选择"迷你图"命令中的"柱形图"命令，如图 2-89 所示。

图 2-89　插入"柱形图"命令

（2）在"创建迷你图"对话框，依次单击后面的拾取按钮选择数据范围和位置范围，如图 2-90 所示，然后单击"确认"按钮。最终效果图如图 2-91 所示。

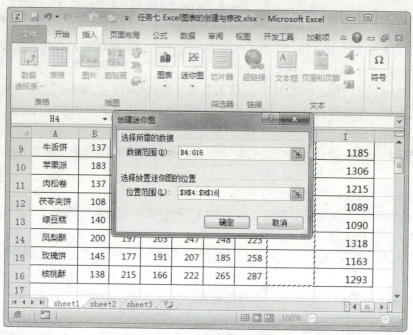

图 2-90 "创建迷你图"对话框

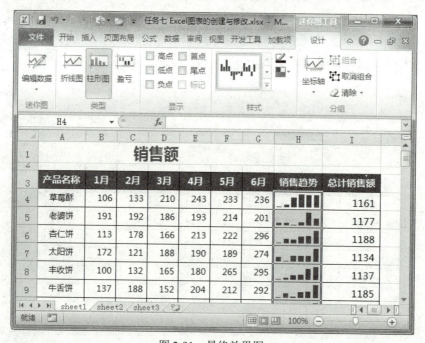

图 2-91 最终效果图

（3）在"迷你图工具"选项卡中，选择"显示"组中的"高点"和"低点"，如图 2-92 所示。

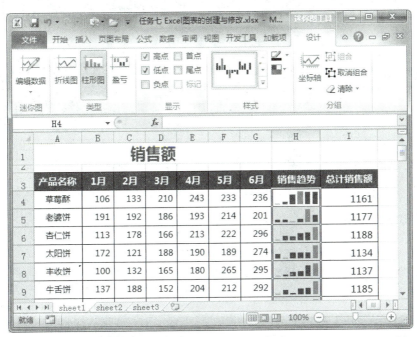

图 2-92　设置"高点"和"低点"

（4）在"迷你图工具"选项卡中，选择"样式"组中的"标记颜色"命令中的"负点"，选择其中的"橙色，强调文字颜色 6"，如图 2-93 所示。

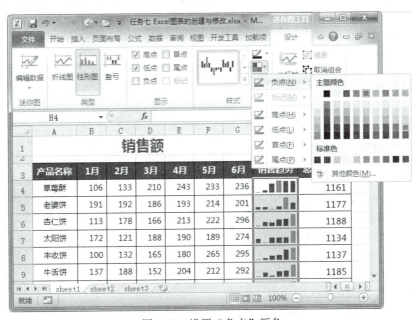

图 2-93　设置"负点"颜色

2. 选择工作表"Sheet2"，完成如下操作

（1）单击选中图表，在"图表工具"的"设计"选项卡中选择"数据"组中的"选择数据"命令，如图 2-94 所示。

信息技术基础——案例与习题（下）

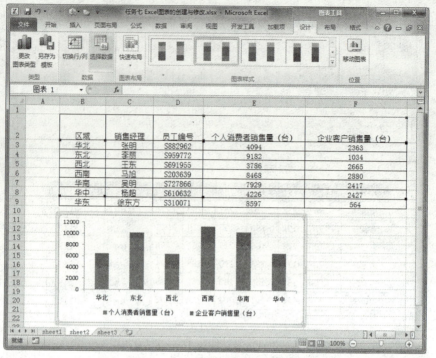

图 2-94 "选择数据"命令

（2）在打开的"选择数据源"对话框中，如图 2-95 所示，单击"图表数据区域"后面的拾取按钮，重新选择数据区域。最终效果如图 2-96 所示。

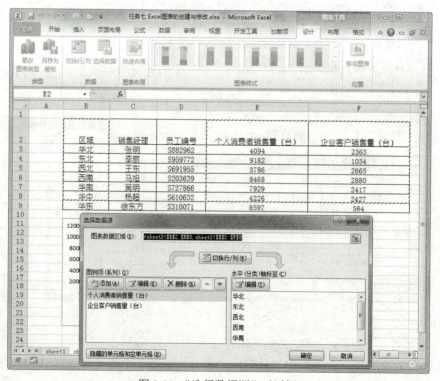

图 2-95 "选择数据源"对话框

- 120 -

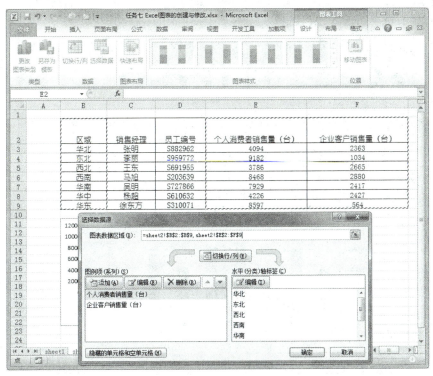

图 2-96　最终效果图

（3）单击"确定"按钮，纳入"华东"行的值后的图表效果如图 2-97 所示。

图 2-97　最终效果图

（4）鼠标右键单击图表空白区域，选择快捷菜单中的"移动图表"命令，如图 2-98 所示。

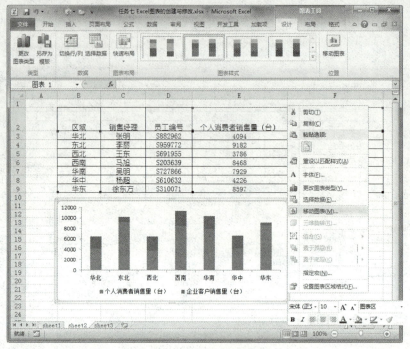

图 2-98 "移动图表"命令

（5）在打开的"移动图表"对话框中，选择"新工作表"命令，输入图表名称"统计图"，如图 2-99 所示，单击"确定"按钮。最终效果图如图 2-100 所示。

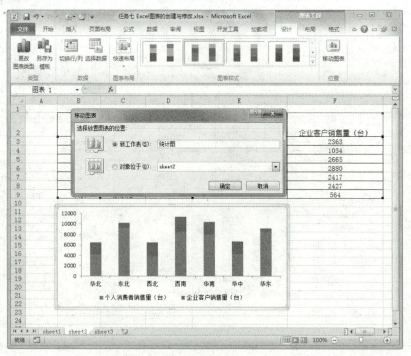

图 2-99 "移动图表"对话框

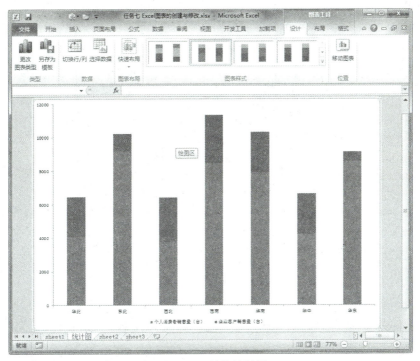

图 2-100　最终效果图

3. 选择工作表"Sheet3"，完成如下操作

（1）选择"图表工具"中的"布局"选项卡，选择"分析"组中的"趋势线"内的"其他趋势线选项"命令，如图 2-101 所示。

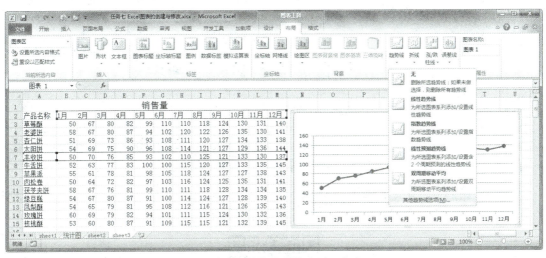

图 2-101　"其他趋势线选项"命令

（2）在打开的"设置趋势线格式"对话框中，选择"多项式"，"顺序"为"3"，趋势预测中前推"2"周期，并且选择"显示公式"和"显示 R 平方值"命令，如图 2-102 所示。单击"关闭"按钮。最终效果如图 2-103 所示。

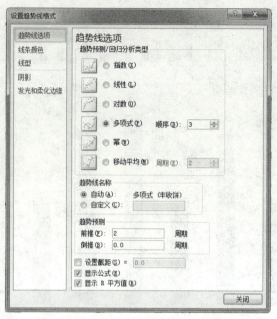

图 2-102 "设置趋势线格式"对话框

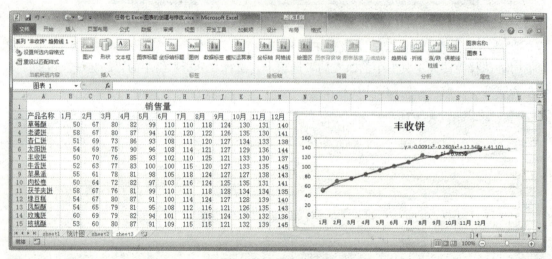

图 2-103 最终效果图

【任务总结】本任务要求利用 Excel 2010 插入迷你图，修改数据源，移动图表，进行添加趋势预测线等操作。

微课 2-6 图表的创建与修改

任务 7　图表的格式化

【任务目标】启动 Excel 2010，打开工作簿"任务七 Excel 图表的格式化.xlsx"。

选择工作表"Sheet1"完成如下操作：

（1）创建一个带数据标记的折线图，比较 2010 和 2013 年各区域的销售数据，将图表置于新工作表，名称为"销售比较"。

（2）该图表套用"样式 26"图表样式，并在图表上方显示图表标题"2010—2013 年销售比较图"，"微软雅黑"字体、大小 16 pt。

（3）调整垂直坐标轴刻度，最小值为 100、最大值为 310，主要刻度间距为 30。

（4）设置水平坐标轴"逆序类别"，但垂直坐标轴刻度仍需置于图表左侧。

（5）图表区填充"画布"纹理，绘图区填充颜色"橄榄色，强调文字颜色 3，淡色 60%"。

【任务分析】本任务要求利用 Excel 2010 对图表进行格式化设置。

【知识准备】掌握图表套用样式的设置、图表标题的设置、坐标轴的设置、图表区填充、绘图区填充等操作。

【任务实施】

1. 打开素材"任务八　图表的格式化.xlsx"，如图 2-104 所示。完成如下操作：创建一个带数据标记的折线图，比较 2010 和 2013 年各区域的销售数据，将图表置于新工作表，名称为"销售比较"

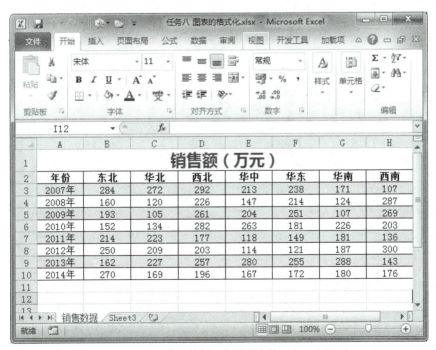

图 2-104　"任务八　图表的格式化.xlsx"素材

（1）打开"插入"选项卡，选择"图表"中"折线图"里的"带数据标记的折线图"命令，如图 2-105 所示。

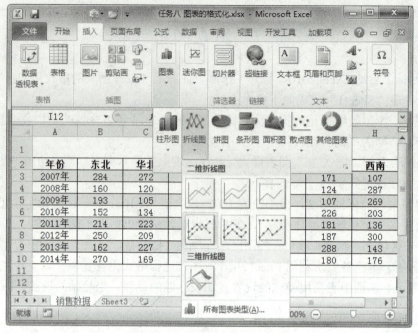

图 2-105　插入"折线图"命令

（2）单击空白图表，选择"图表工具"内的"设计"命令，选择"数据"组中的"选择数据"命令，如图 2-106 所示。

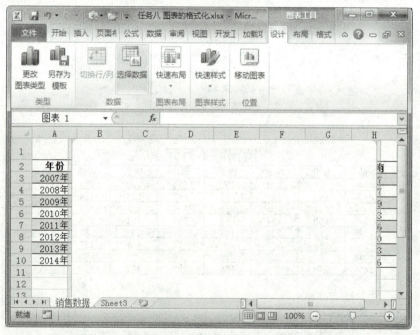

图 2-106　插入空白图表效果图

（3）在打开的"选择数据源"对话框中，单击"图表数据区域"的拾取按钮，选择数据区域，如图 2-107 所示。单击"确定"按钮。效果如图 2-108 所示。

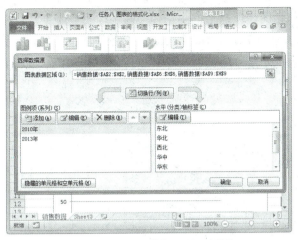

图 2-107　"选择数据源"对话框

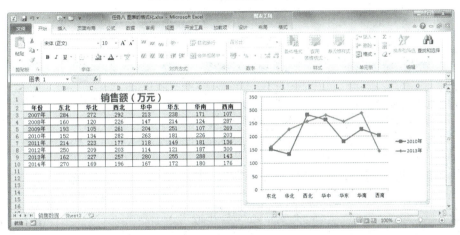

图 2-108　插入折线图效果图

（4）单击图表空白区域选择图表，选择"图表工具"中的"设计"选项卡，然后选择"位置"组中的"移动图表"命令，如图 2-109 所示。

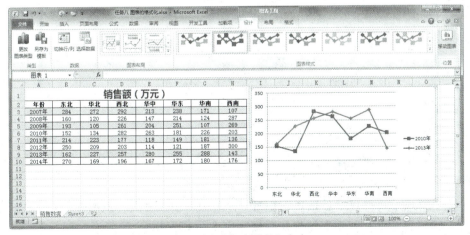

图 2-109　"移动图表"命令

（5）在打开的"移动图表"对话框中选择"新工作表"命令，然后输入工作表名称"销售比较"，如图 2-110 所示，单击"确定"按钮。效果图如图 2-111 所示。

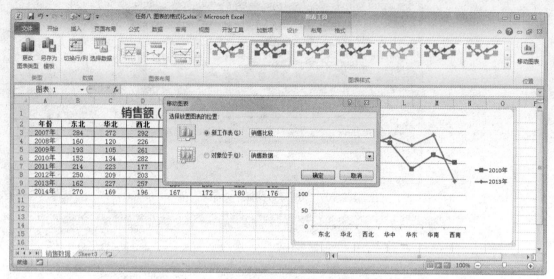

图 2-110　"移动图表"对话框

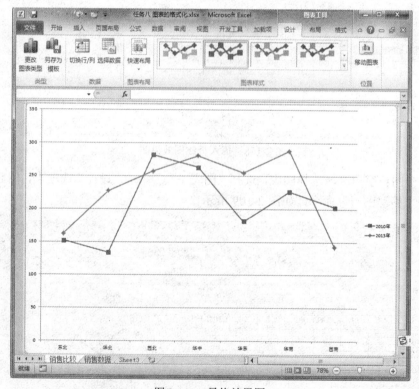

图 2-111　最终效果图

2. 选择图表完成如下操作：该图表套用"样式 26"图表样式，并在图表上方显示图表标题"2010—2013 年销售比较图"，"微软雅黑"字体，大小 16 pt

（1）选择"图表工具"中的"设计"选项卡，单击"图表样式"组中的"其他"按钮，如图 2-112 所示。

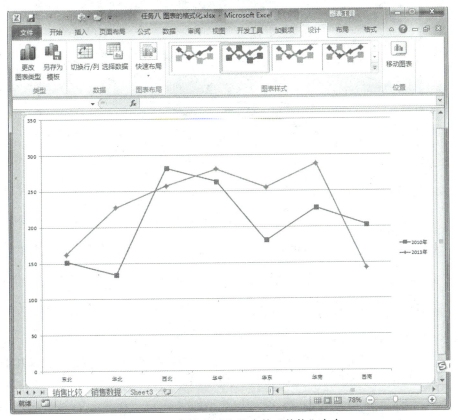

图 2-112　"图表样式"组中的"其他"命令

（2）选择"样式 26"命令，如图 2-113 所示。效果如图 2-114 所示。

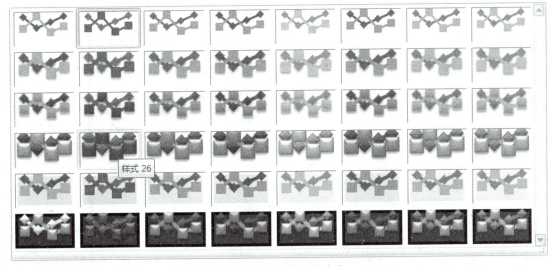

图 2-113　"样式 26"命令

信息技术基础——案例与习题（下）

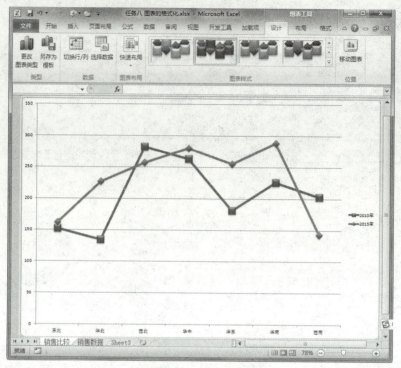

图 2-114　最终效果图

（3）选择"图表工具"中的"布局"选项卡，单击"图表标题"按钮，选择其中的"图表上方"命令，如图 2-115 所示。效果如图 2-116 所示。

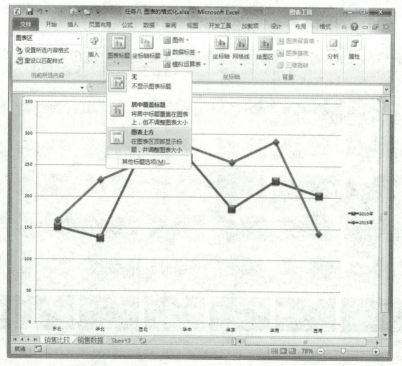

图 2-115　"图表标题"命令

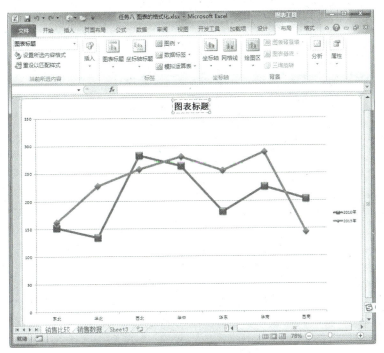

图 2-116　最终效果图

（4）修改图表标题为"2010—2013 年销售比较图"，如图 2-117 所示。

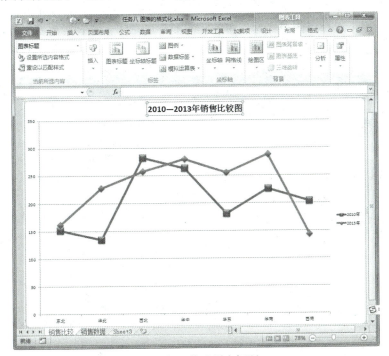

图 2-117　修改图表标题

（5）选中图表标题，在"开始"选项卡中，设置字体"微软雅黑"，字号为"16 pt"，如图 2-118 所示。

信息技术基础——案例与习题（下）

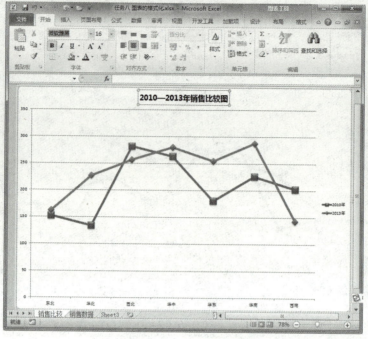

图 2-118　设置标题格式

3. 选中图表，完成如下操作：调整垂直坐标轴刻度，最小值为 100、最大值为 310，主要刻度间距为 30。设置水平坐标轴"逆序类别"，但垂直坐标轴刻度仍需置于图表左侧

（1）选中图表，选择"图表工具"中的"布局"选项卡，选择"坐标轴"组中的"坐标轴"里的"主要纵坐标轴"中的"其他主要纵坐标轴选项"命令，如图 2-119 所示。

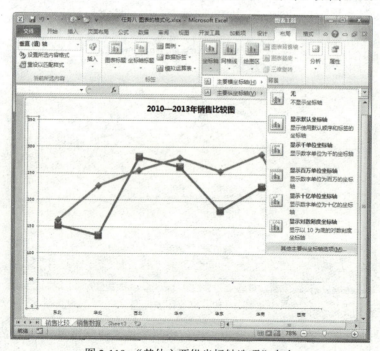

图 2-119　"其他主要纵坐标轴选项"命令

（2）在打开的"设置坐标轴格式"对话框中，设置最小值为"固定"，值为"100"；最大值为"固定"，值为"310"；主要刻度单位为"固定"，值为"30"，如图 2-120 所示。单击"关闭"按钮，效果如图 2-121 所示。

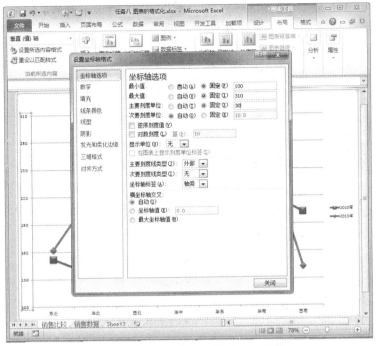

图 2-120　"设置坐标轴格式"对话框

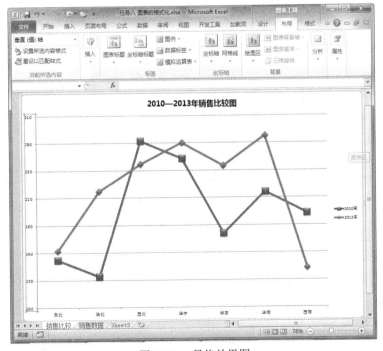

图 2-121　最终效果图

（3）选中图表，选择"图表工具"中的"布局"选项卡，选择"坐标轴"组中的"坐标轴"里的"主要横坐标轴"中的"其他主要横坐标轴选项"命令，如图2-122所示。

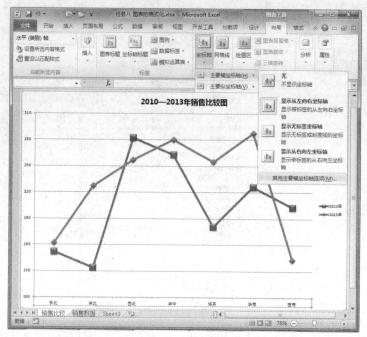

图2-122　"其他主要横坐标轴选项"命令

（4）在打开的"设置坐标轴格式"对话框中，选择"逆序类别"命令和"最大分类"，如图2-123所示。单击"关闭"按钮，效果如图2-124所示。

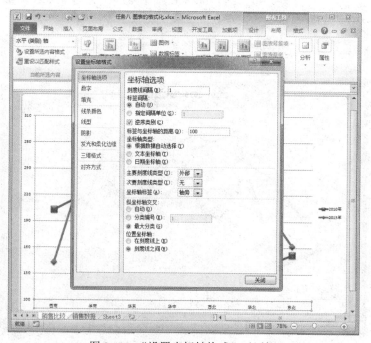

图2-123　"设置坐标轴格式"对话框

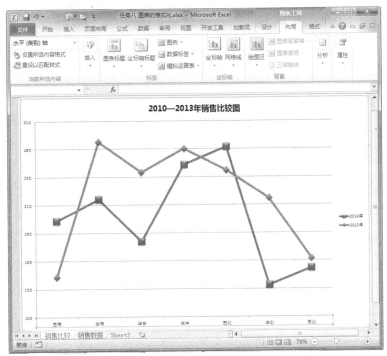

图 2-124　最终效果图

4. 选中图表，完成如下操作：图表区填充"画布"纹理，绘图区填充颜色"橄榄色，强调文字颜色 3，淡色 60%"

（1）单击图表空白区域选择"图表区"，然后选择"图表工具"中的"格式"选项卡，选择"形状样式"组中的"形状填充"命令，选择"纹理"中的"画布"命令，如图 2-125 所示。效果如图 2-126 所示。

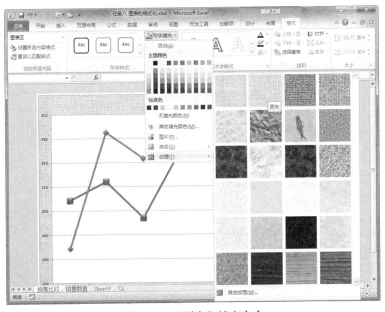

图 2-125　"画布"填充命令

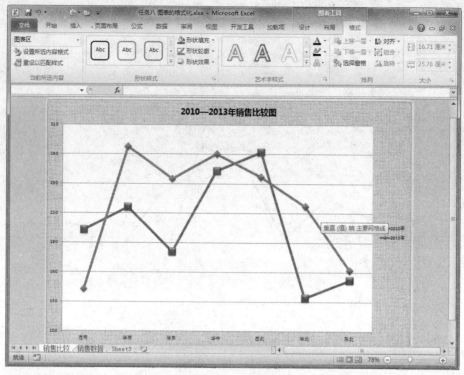

图 2-126　最终效果图

（2）鼠标右键绘图区，选择快捷菜单中的"设置绘图区格式"命令，如图 2-127 所示。

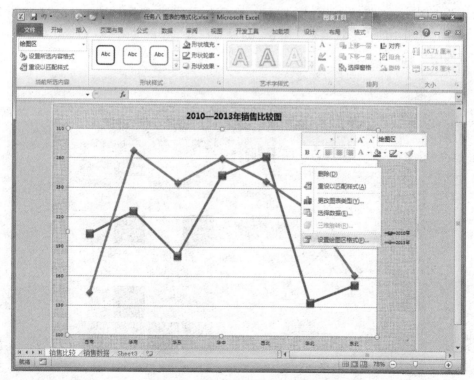

图 2-127　"设置绘图区格式"命令

（3）在打开的"设置绘图区格式"对话框中选择"填充"里的"纯色填充"命令，然后选择"填充颜色"为"橄榄色，强调文字颜色 3，淡色 60%"，如图 2-128 所示，然后单击"关闭"按钮。最后效果如图 2-129 所示。

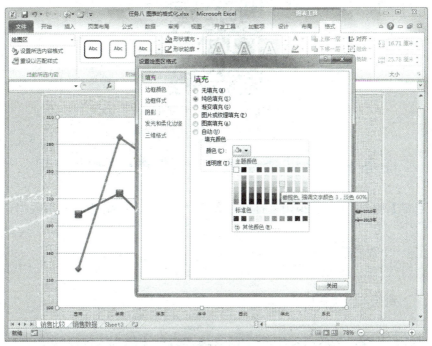

图 2-128　"设置绘图区格式"对话框

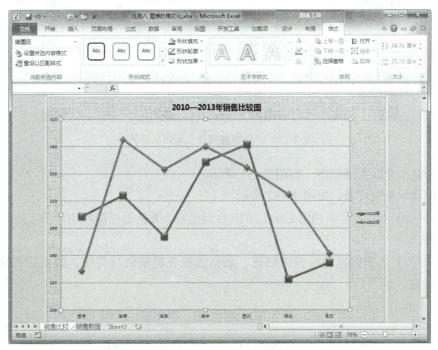

图 2-129　最终效果图

【任务总结】本任务使用 Excel 图表工具功能完成图表格式化设置，包括图表标题、坐标轴的设置、填充颜色等。

微课 2-7　图表的格式化

任务 8　数据透视表与数据透视图的使用

【任务目标】启动 Excel 2010，打开工作簿"任务八 数据透视表与数据透视图的使用.xlsx"。

（1）创建一个数据透视表，如图 2-130 所示。

班级	（多项）		
姓名	求和项:数学	求和项:语文	求和项:英语
程源	87	94	99
赫明辉	86	86	89
秦汉雨	90	70	95
王琪	76	88	93
王英达	88	81	91
杨才	77	89	95
张雨婷	87	85	90
总计	591	593	652

图 2-130　"数据透视表"最终效果图

（2）创建一个数据透视图，如图 2-131 所示。

（3）创建一个切片器，如图 2-132 所示。

【任务分析】本任务要求利用 Excel 2010 数据透视、数据透视图和切片器，并对它们进行格式化设置。

【知识准备】掌握数据透视表的创建、数据透视表的编辑与美化、数据透视图的创建、切片器的创建。

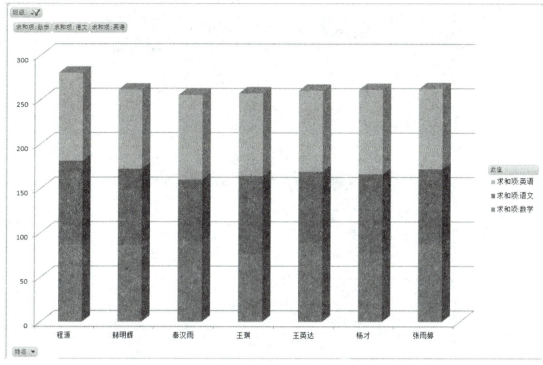

图 2-131　"数据透视图"最终效果图

图 2-132　"切片器"最终效果图

【任务实施】

1. 创建数据透视表

（1）打开素材文件"任务九 Excel 数据透视表与数据透视图的使用.xlsx"，选择数据区域 A2:F15，单击"插入"按钮，在"表格"组中单击"数据透视表"命令后面的下拉按钮，在打开的下拉菜单中选择"数据透视表"命令，如图 2-133 所示。

（2）在打开的"创建数据透视表"对话框中保持默认设置，如图 2-134 所示，单击"确定"按钮，系统将自动新建一个空白工作表存放创建的空白数据透视表，并激活数据透视表工具的"选项"和"设计"两个选项卡，且打开"数据透视表字段列表"任务窗格，如图 2-135 所示。

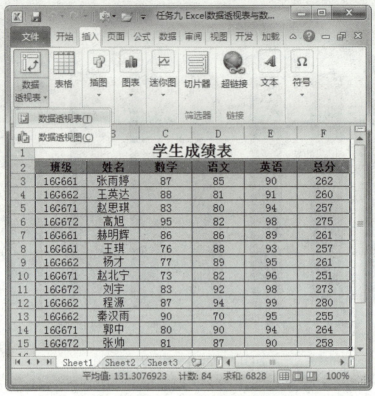

图 2-133　创建"数据透视表"命令

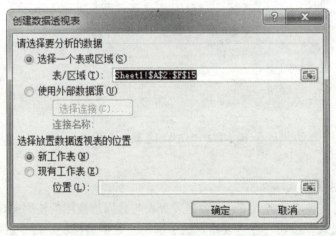

图 2-134　"创建数据透视表"对话框

2. 编辑与美化数据透视表

（1）将存放数据透视表的工作表重命名为"数据透视表"，然后在"数据透视表字段列表"任务窗格的"选择要添加的报表的字段"列表框中单击选中所需字段对应的复选框，创建数据透视表，如图 2-136 所示。

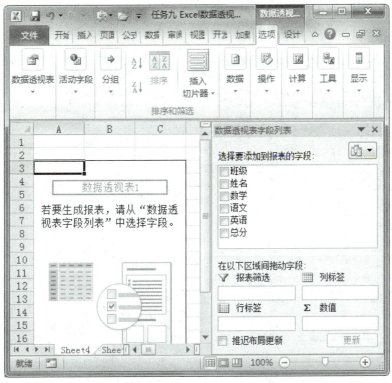

图 2-135 "数据透视表字段列表"任务窗格

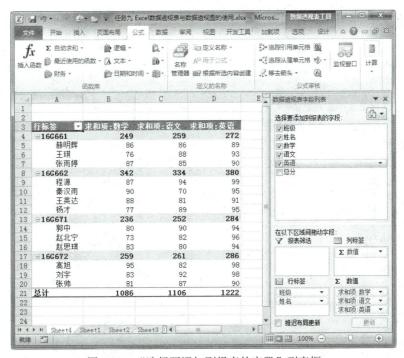

图 2-136 "选择要添加到报表的字段"列表框

（2）在"在一下区域间拖动字段"栏中选择"行标签"，单击"班级"后面的下拉按钮，在打开的下拉菜单中选择"移动到报表筛选"命令，如图 2-137 所示。最终效果如图 2-138 所示。

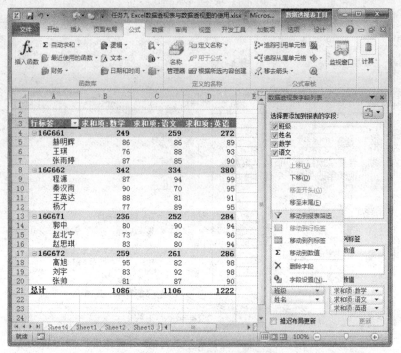

图 2-137 "移动到报表筛选"命令

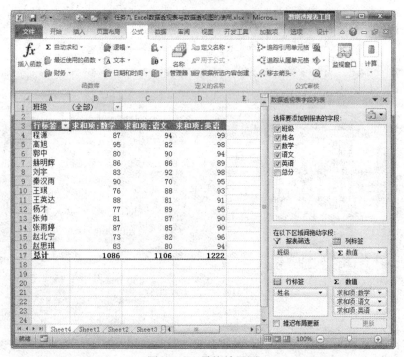

图 2-138 最终效果图

（3）单击工作表中"班级"字段右侧的下拉按钮，在打开的下拉菜单中选择需查看的区域，先单击选中"选择多项"复选框，然后撤销选中的"16G671"和"16G672"的复选框，单击"确定"按钮，如图 2-139 所示。最终效果如图 2-140 所示。

图 2-139　"创建数据透视表"对话框

图 2-140　最终效果图

（4）在数据透视表工具的"设计"选项卡的"布局"组中单击"报表布局"按钮，在打开的下拉菜单中选择"以表格形式显示"命令，如图 2-141 所示。最终效果如图 2-142 所示。

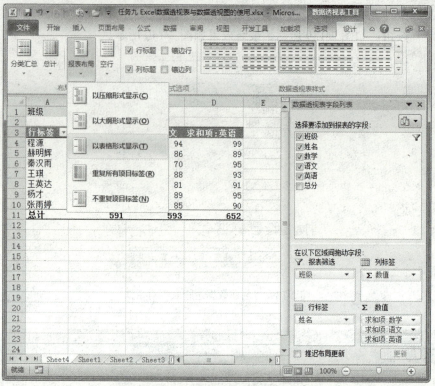

图 2-141 "以表格形式显示"命令

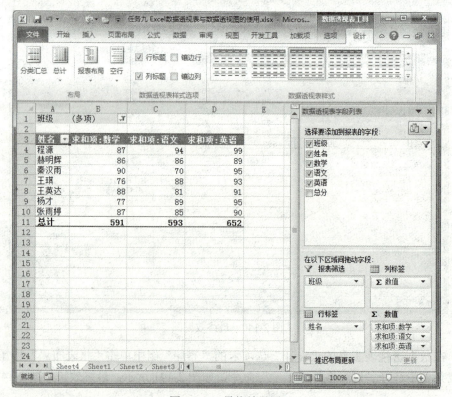

图 2-142 最终效果图

（5）在数据透视表工具的"设计"选项卡的"数据透视表样式"组中选择"数据透视表样式浅色 9"样式，如图 2-143 所示。最终效果如图 2-144 所示。

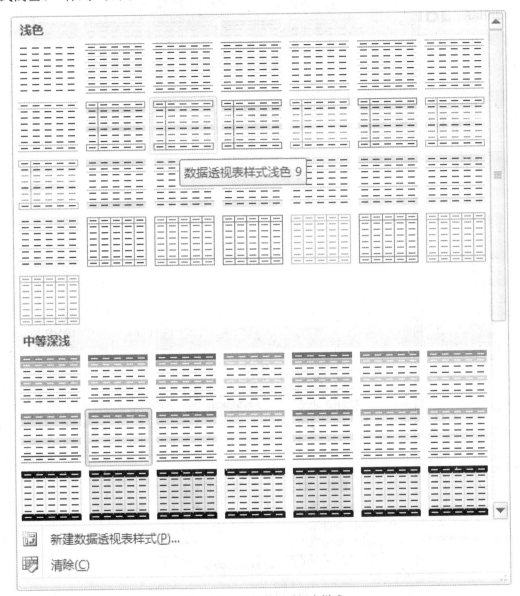

图 2-143   选择数据透视表样式

（6）返回工作表中选择除数据透视表区域外的任意空白单元格，将不显示"数据透视表字段列表"任务窗格，如图 2-145 所示。

3. 创建数据透视图

（1）选择数据透视表中的任意单元格，在数据透视表工具的"选项"选项卡的"工具"组中单击"数据透视图"按钮，如图 2-146 所示。

（2）在打开的"插入图表"对话框的"柱形图"选项卡右侧选择"三维堆积柱形图"命令，单击"确定"按钮，如图 2-147 所示。

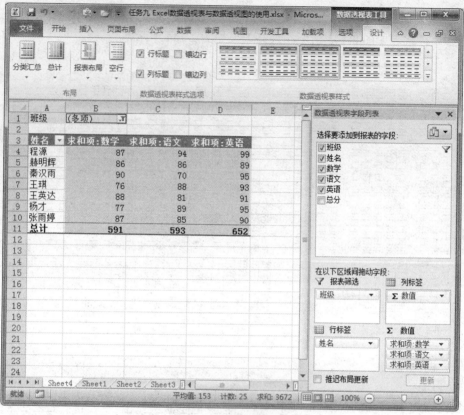

图 2-144　最终效果图

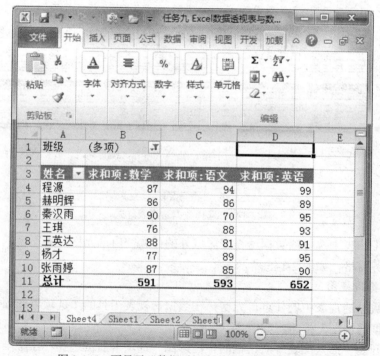

图 2-145　不显示"数据透视表字段列表"任务窗格

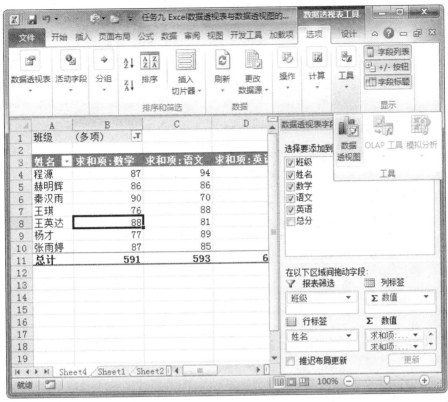

图 2-146　"数据透视图"按钮

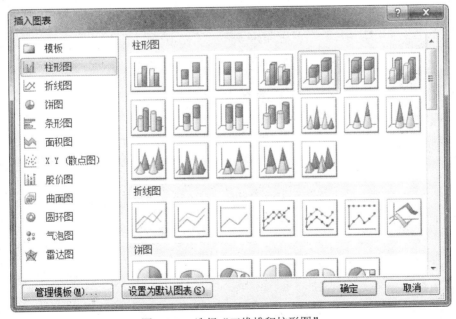

图 2-147　选择"三维堆积柱形图"

（3）返回工作表中，可看到创建的数据透视图，且激活数据透视图工具的"设计""布局""格式""分析"选项卡，如图 2-148 所示。

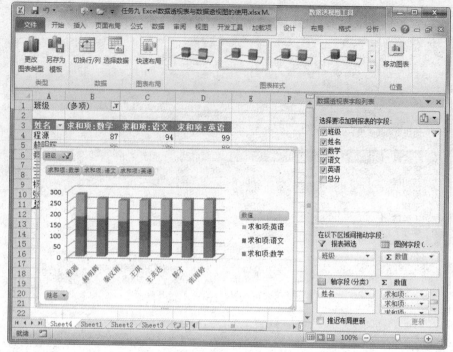

图 2-148　最终效果图

4. 设置数据透视图

（1）选择数据透视图，单击鼠标右键，在弹出的快捷菜单中选择"移动图表"命令，如图 2-149 所示。

图 2-149　"移动图表"命令

（2）在打开的"移动图表"对话框中选中"新工作表"单选项，在文本框中输入"数据透视图"，单击"确定"按钮，如图 2-150 所示。返回工作表中可看到数据透视图存放到新建的名为"数据透视图"的工作表中，如图 2-151 所示。

图 2-150　"移动图表"对话框

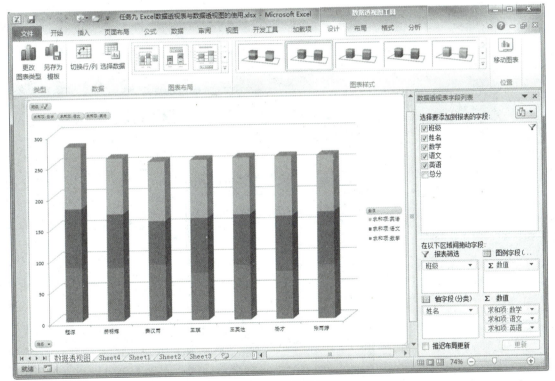

图 2-151　最终效果图

5．创建切片器

（1）在数据透视表区域选择任意单元格，在数据透视表工具的"选项"选项卡的"排序与筛选"组中单击"插入切片器"的下拉按钮，在打开的下拉菜单中选择"插入切片器"命令，如图 2-152 所示。

（2）在打开的"插入切片器"对话框中单击选中"姓名"复选框，然后单击"确定"按钮，如图 2-153 所示，返回工作表可看到为选中字段创建的切片器，如图 2-154 所示。

信息技术基础——案例与习题（下）

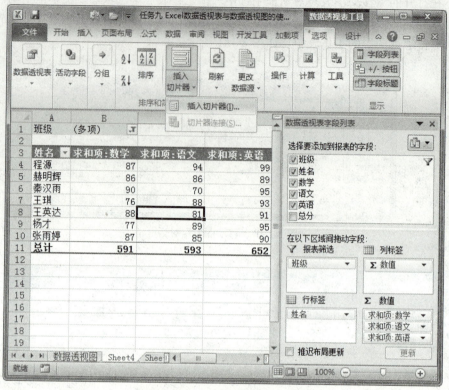

图 2-152 "插入切片器"命令

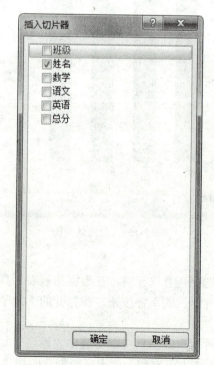

图 2-153 "插入切片器"对话框

图 2-154　最终效果图

（3）选择"切片器"，在切片器工具的"选项"卡中"切片器样式"组中单击快速样式，选择"切片器样式浅色 5"，如图 2-155 所示。

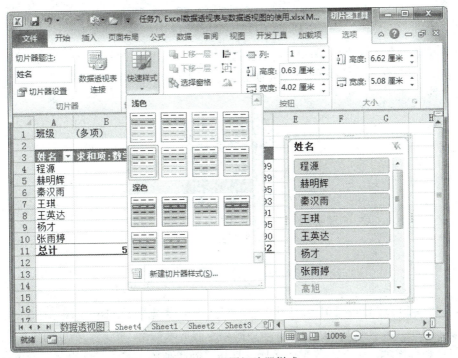

图 2-155　设置切片器样式

（4）选择"切片器"，在切片器工具的"选项"卡的"按钮"组中设置列数为"3"，按钮高度为"0.6 厘米"，按钮宽度为"1.7 厘米"，在"大小"组中设置切片器的高度为"4.4 厘米"，宽度为"6.32 厘米"。最终效果如图 2-156 所示。

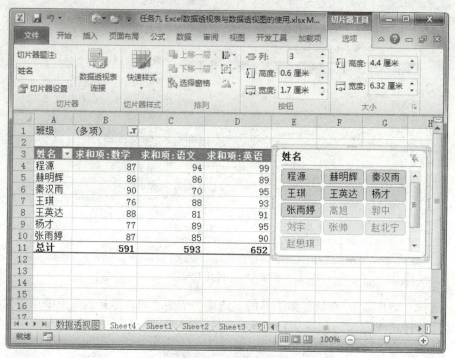

图 2-156　最终效果图

【任务总结】本任务使用 Excel 创建数据透视表和数据透视图，以及一个切片器。切片器是易于使用的筛选组件，使用户快速地筛选数据透视表中的数据。

微课 2-8　数据透视表与数据透视图的使用

任务 9　数 据 统 计

【任务目标】启动 Excel 2010，打开工作簿"任务九　数据统计.xlsx"。在工作表 Sheet1 中，使用"自动筛选"命令筛选出第一季度销售额最多的 3 条数据；把第二季度销售额在 15～25 之间的数据筛选出来。在工作表 Sheet2 中，使用"高级筛选"命令筛选出第二季度台式机销售额大于等于 28 或笔记本销售额大于 5 的数据。在工作表 Sheet3 中，使用"分类汇总"命令，按班级汇总各班学生的身高、肺活量和测试总分的平均值。

【任务分析】本任务要求利用 Excel 2010 进行排序、自动筛选以及高级筛选、分类汇总等操作。

【知识准备】学会自动筛选、自定义排序、高级筛选、分类汇总。

【任务实施】

1. 启动 Excel 2010，打开"任务九 数据管理和分析.xlsx"工作簿

2. 数据的筛选—自动筛选

在工作表"自动筛选"中，使用"自动筛选"命令筛选出第一季度销售额最多的 3 条数据；把第二季度销售额在 15～25 的数据筛选出来。

（1）选择工作表 Sheet1。

（2）将光标移动到数据的任一单元格内，要保证数据中不能有空行和空列。

（3）在"开始"选项卡中的"编辑"组中单击"排序和筛选"按钮，如图 2-157 所示，在其子菜单中选择"筛选"命令。这时每一个列标题的右边都出现一个筛选箭头，如图 2-158 所示。单击某一列的筛选箭头，在下拉列表框中列出了该列的所有项目，可用于选择作为筛选的条件。

图 2-157 "排序和筛选"命令

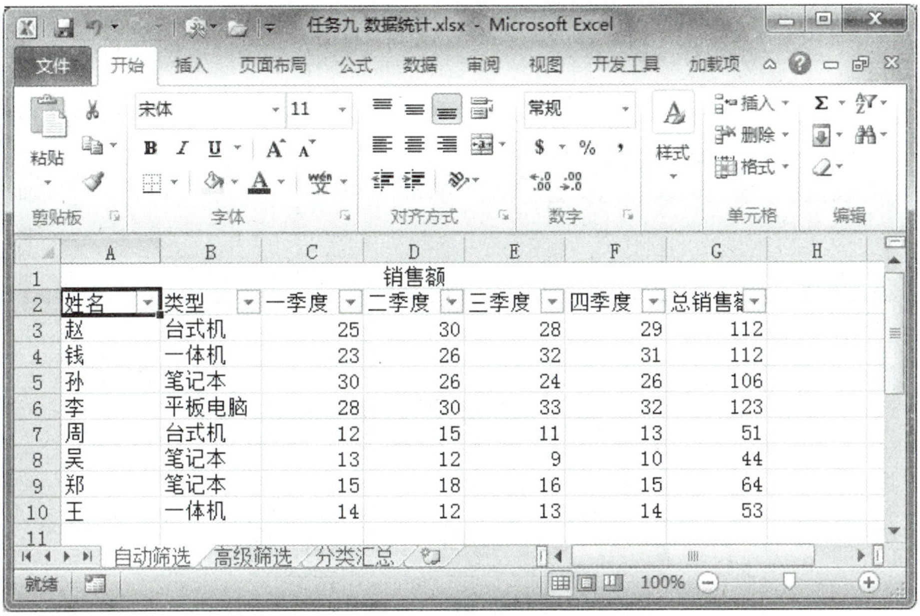

图 2-158 "排序和筛选"命令

（4）筛选第一季度销售额最多的三条数据——自动筛选前 10 个。

① 单击"一季度"列标题右边的筛选箭头，在下拉列表中选择"数字筛选"中的"10个最大的值"命令，如图 2-159 所示，打开"自动筛选前 10 个"对话框，如图 2-160 所示。

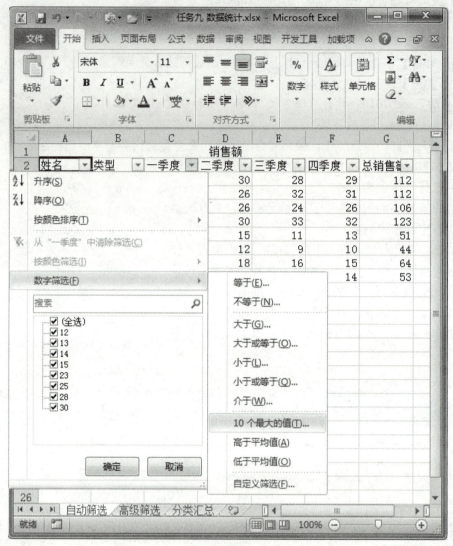

图 2-159 "数字筛选"命令

图 2-160 "自动筛选前 10 个"对话框

② 在对话框左边的下拉列表框中选择"最大"。

③ 单击对话框中间的增值按钮，设定查找数据的条数 3。对话框右边的下拉列表框中选择"项"（表示按设定的数字显示条数）。单击"确定"按钮，屏幕显示第一季度销售额最大的三条数据，效果如图 2-161 所示。

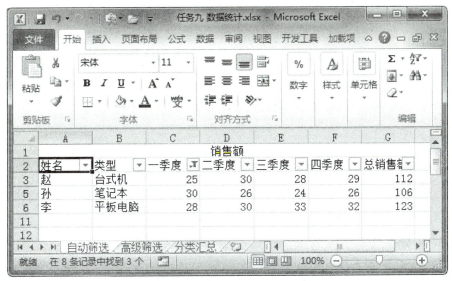

图 2-161　筛选效果图

④ 单击"一季度"右边的筛选箭头，在弹出的下拉列表中选择"全部"，恢复显示全部数据，如图 2-162 所示。

（5）筛选二季度销售额在 15～26 的数据——自定义筛选。

① 先恢复显示全部数据。

② 单击"二季度"右边的筛选箭头，在弹出的下拉列表中选择"数字筛选"命令中的"自定义筛选"，如图 2-163 所示，打开"自定义自动筛选方式"对话框，如图 2-164 所示。

图 2-162　"恢复显示全部数据"命令　　　　图 2-163　"自定义筛选"命令

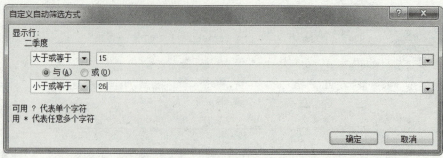

图 2-164　"自定义自动筛选方式"对话框

③ 单击第一个比较操作符的下拉箭头，在弹出的下拉列表中选择"大于或等于"，并在它右边的文本框中输入"15"。

④ 选择"与"选项，表示"并且"。

⑤ 单击第二个比较操作符的下拉箭头，在弹出的下拉列表中选择"小于或等于"，并在它右边的文本框中输入"26"。单击"确定"按钮，筛选出符合条件的数据，效果如图 2-165 所示。

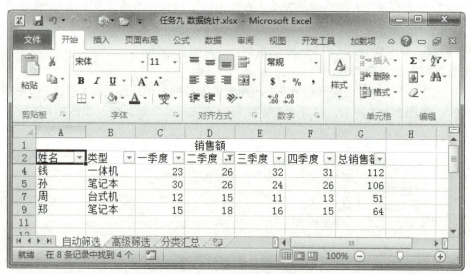

图 2-165　自定义筛选效果图

（6）关闭"自动筛选"功能。打开"自动筛选"功能后，"自动筛选"命令前面有"√"，表示"自动筛选"功能有效。再次点击"数据"菜单中"筛选"子菜单中的"自动筛选"命令，它前面的"√"消失，"自动筛选"功能被关闭，筛选箭头也消失，恢复正常显示状态。

3. 高级筛选

将第二季度台式机销售额大于等于"28"或笔记本销售额大于等于"15"的数据筛选出来。

（1）选择工作簿"项目 8 数据管理和分析.xlsx"中工作表"高级筛选"。

（2）在工作表上选定一个单元格区域（如 D12:F14），并输入筛选条件，其中 D12 中输入"类型"，D13 中输入"台式机"，D14 中输入"笔记本"；E12 中输入"二季度"，E13 中输入">=28"；F12 中输入"二季度"，F14 中输入">=15"，如图 2-166 所示。

（3）将光标移动到数据的任一单元格内，保证数据中不能有空行和空列。

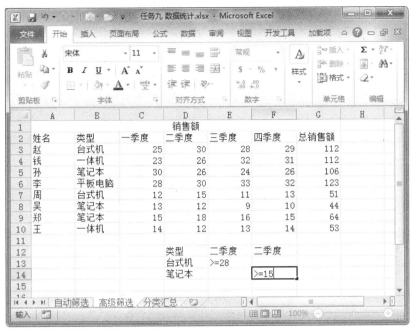

图 2-166　"高级筛选"条件的录入

（4）选择"数据"选项卡，在"排序和筛选"组中单击"高级"按钮，如图 2-167 所示，打开"高级筛选"对话框，如图 2-220 所示，此时"列表区域"框中自动显示要执行筛选操作的数据范围 A2:G10；在"条件区域"框中指定筛选条件所在的单元格区域 D12:F14（可直接输入或鼠标选定后自动填入）；在"方式"单选钮中选择"在原有区域显示筛选结果"，如图 2-168 所示。

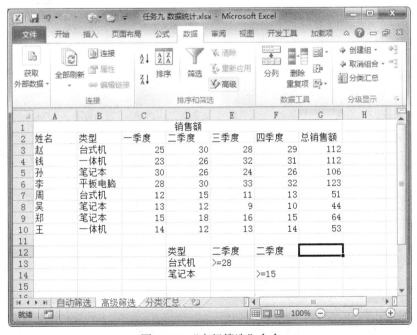

图 2-167　"高级筛选"命令

图 2-168 "高级筛选"对话框

（5）单击"确定"命令按钮，显示结果如图 2-169 所示。

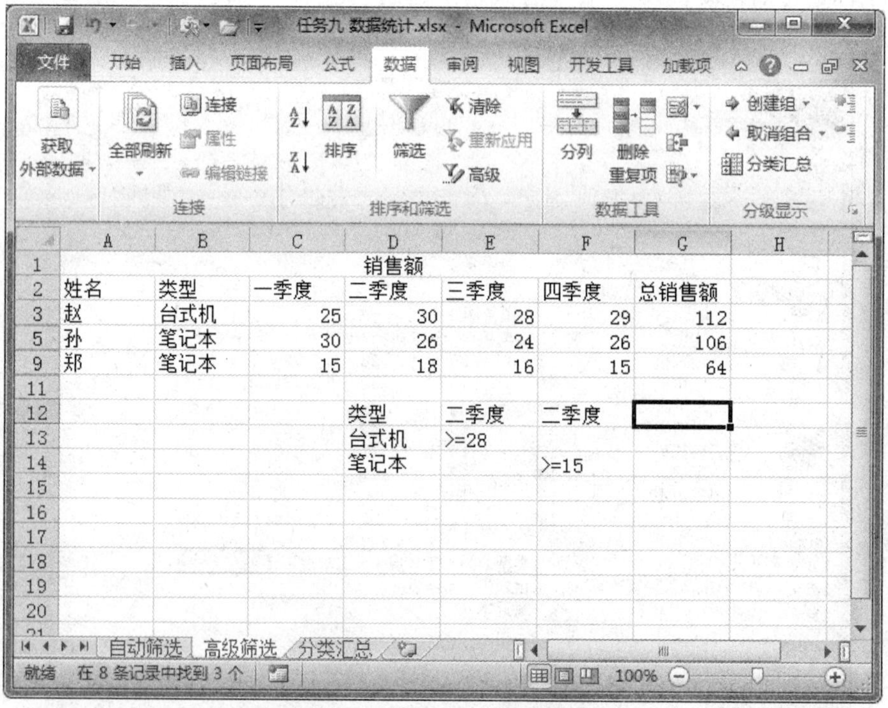

图 2-169 高级筛选显示结果效果图

（6）取消高级筛选。若要取消高级筛选的结果，显示原有的数据内容，可选择"数据"选项卡，在"排序和筛选"组中单击"筛选"按钮。

4. 数据的分类汇总

按班级汇总每班学生的身高、肺活量和测试总分的平均值。

（1）选择工作表"分类汇总"。

（2）将工作表中的数据按班级列排序（升序或降序）。

① 单击数据区域内任一单元格。

② 单击"数据"菜单，选择"排序"命令，如图 2-170 所示，打开"排序"对话框。

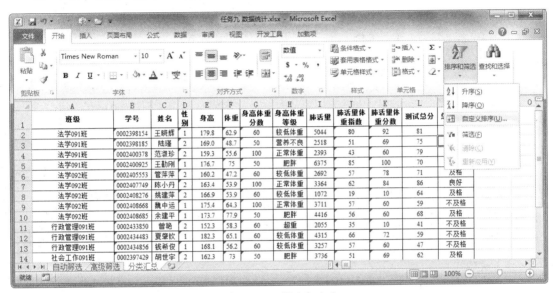

图 2-170　"排序"命令

③ 在"主要关键字"栏选择列标题"班级"，其他选项不变，如图 2-171 所示，单击"确定"按钮。

图 2-171　"排序"对话框

（3）选择"数据"选项卡，在"分级显示"组中选择"分类汇总"命令，如图 2-172 所示，打开"分类汇总"对话框，如图 2-173 所示。

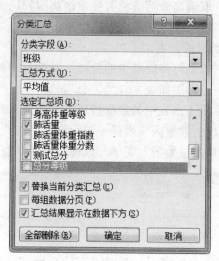

图 2-172 "分类汇总"命令   图 2-173 "分类汇总"对话框

① 在"分类字段"栏中选择排序依据的列标题，这里选择"姓名"。

② 在"汇总方式"栏中有"求和""最大值"等选项，这里选择"平均值"。

③ 在"选定汇总项"栏中选择要汇总的列标题，这里选择"身高""肺活量""测试总分"。

④ 其他选项不变，单击"确定"按钮，得到的分类汇总结果如图 2-174 所示。

班级	学号	姓名	性别	身高	体重	身高体重分数	身高体重等级	肺活量	肺活量体重指数	肺活量体重分数	测试总分	总分等级
法学091班	0002398154	王晓辉	1	179.8	62.9	60	较低体重	5044	80	92	81	良好
法学091班	0002398185	陆瑾	2	169.0	48.7	50	营养不良	2518	51	69	75	良好
法学091班	0002400378	范淑珍	2	159.3	55.6	100	正常体重	2393	43	60	79	良好
法学091班	0002400925	王勤刚	1	176.7	75	50	肥胖	6375	85	100	70	及格
法学091班 平均值								4083			76	
法学092班	0002405553	管萍萍	2	160.2	47.2	60	较低体重	2692	57	78	71	及格
法学092班	0002407749	陈小丹	2	163.4	53.9	100	正常体重	3364	62	84	86	良好
法学092班	0002408276	姚建萍	2	166.9	53.9	60	较低体重	1072	19	10	64	及格
法学092班	0002408668	魏中运	1	175.4	64.3	100	正常体重	3711	57	60	59	不及格
法学092班	0002408685	余建平	1	173.7	77.9	50	肥胖	4416	56	60	70	及格
法学092班 平均值								3051			70	
行政管理091班	0002433850	曾艳	2	152.3	58.3	60	超重	2055	35	10	41	不及格
行政管理091班	0002434483	夏肇钦	1	182.3	65.1	60	较低体重	4315	66	72	59	不及格
行政管理091班	0002434856	钱希俊	1	168.1	56.2	60	较低体重	3257	57	60	47	不及格
行政管理091班 平均值								3209			49	
社会工作091班	0002397429	胡世宇	2	162.3	73	50	肥胖	3736	51	69	62	及格
社会工作091班	0002399695	赵瑾婷	2	172.1	62.2	100	正常体重	3798	61	84	86	良好
社会工作091班	0002400190	陈彬倩	2	169.7	58.5	100	正常体重	2750	47	63	75	良好
社会工作091班 平均值								3428			74	
总计平均值								3433			68	

图 2-174 分类汇总结果效果图

⑤ 在分类汇总表的左侧有一组控制按钮：

单击 1 按钮，只显示总的汇总结果，其余数据均被隐藏起来，如图 2-175 所示。

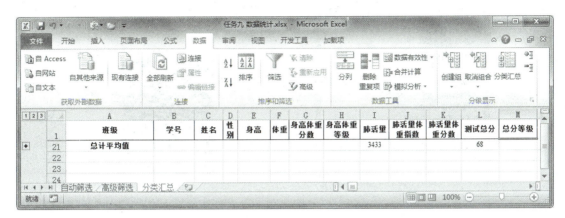

图 2-175　单击"1"显示效果图

单击 2 按钮，显示分类汇总的结果和总的汇总结果，其余数据被隐藏起来，如图 2-176 所示。

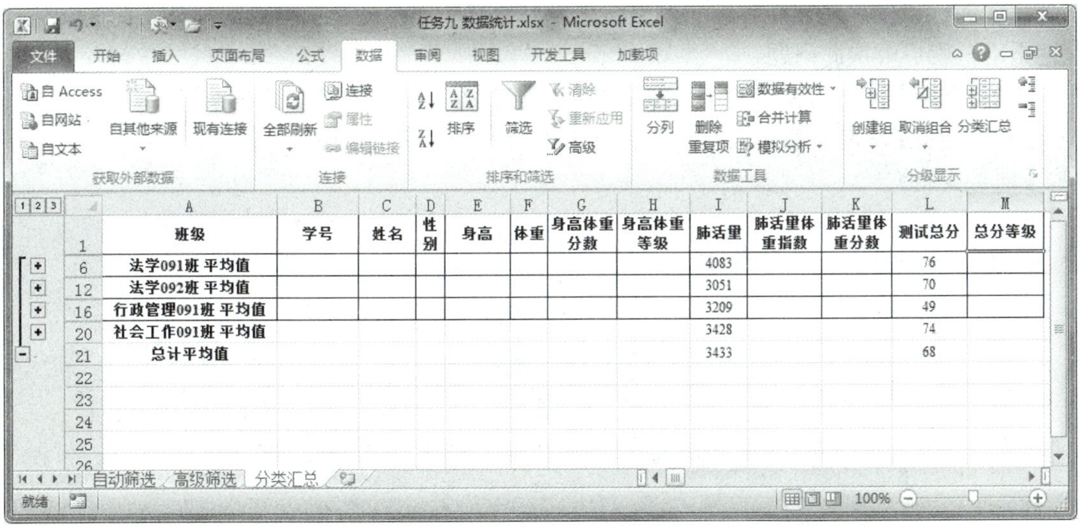

图 2-176　单击"2"显示效果图

单击 3 按钮，可以看到全部数据。

单击"-"按钮，可隐藏（收缩）部分数据；单击"+"按钮，可显示（展开）部分数据。

（4）分类汇总后，若希望回到分类汇总前的状态，可再次单击"数据"菜单，选择"分类汇总"命令，在打开的"分类汇总"对话框中，单击"全部删除"按钮即可，如图 2-177 所示。

【任务总结】本任务要求利用 Excel 2010 对数据进行排序、自动筛选以及高级筛选、分类汇总等操作，注意在分类汇总前，要按照分类字段对数据进行排序。

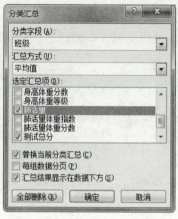

图 2-177 "分类汇总"对话框

微课 2-9 数据统计

任务 10 数据工具与数据安全性

【任务目标】当我们建立一个电子表格，下发给其他人填写时，我们希望他们只填写应该填写的内容，而不要对其他内容进行修改，这里我们只将不需要改动的单元格锁定（使之变为"只读"状态），就可达到此目的。当一个工作表列数较多，我们浏览后面的列时，会因看不到前面的标识性列（如姓名等）而无法正确判断其归属，光标在列之间移动，前面某几列保持不动，就可解决此问题。

【任务分析】本项目要求利用 Excel 2010 进行数据锁定与窗格冻结等操作。

【知识准备】掌握锁定单元格及工作表保护的方法、冻结窗格的方法。

【任务实施】

1. 启动 Excel 2010，打开"任务十 数据工具与数据安全性.xlsx"素材文件

2. 锁定有黄色底纹的单元格

（1）选择"数据锁定"工作表，如图 2-178 所示。

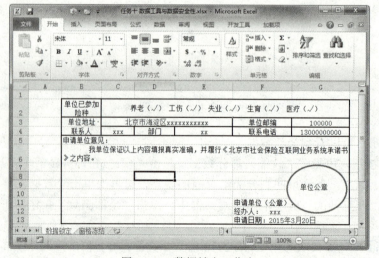

图 2-178 数据锁定工作表

（2）单击"全选"按钮，选定整个工作表，如图 2-179 所示。

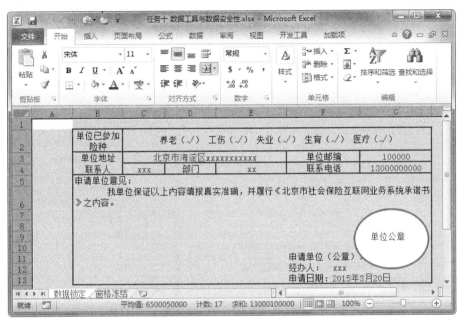

图 2-179　"全选"按钮

（3）在"开始"选项卡上的"字体"组中，单击"设置单元格字体格式"对话框中的"设置"按钮，如图 2-180 所示。也可以按键盘快捷方式 Ctrl+Shift+F。

（4）在"保护"选项卡上，清除"锁定"复选框，如图 2-181 所示，单击"确定"按钮。注意，当需要保护工作表时，就要取消对工作表中所有单元格的锁定。

图 2-180　"设置"按钮

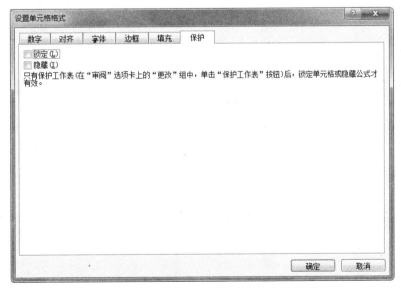

图 2-181　"设置单元格格式"对话框中的"保护"选项卡

（5）在工作表中，只选择要锁定的单元格。

在"开始"选项卡上的"字体"组中，单击"设置单元格字体格式"对话框的"设置"按钮。然后在"保护"选项卡上，选中"锁定"复选框，单击"确定"按钮。

（6）在"审阅"选项卡上的"更改"组中，单击"保护工作表"，如图 2-182 所示，打开"保护工作表"对话框，如图 2-183 所示。

图 2-182 "保护工作表"命令

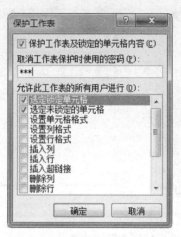

图 2-183 "保护工作表"对话框

① 在"允许此工作表的所有用户进行"列表中，选择希望用户更改的元素。若清除复选框，则禁止用户进行该项操作。详细说明如表 2-1 所示。

表 2-1 详 细 说 明

选定锁定单元格	将指针移动到在"设置单元格格式"对话框的"保护"选项卡上已为其选中"锁定"复选框的单元格上。默认情况下，允许用户选择锁定单元格
选定未锁定的单元格	将指针移动到在"设置单元格格式"对话框的"保护"选项卡上已为其清除"锁定"复选框的单元格上。默认情况下，用户可以选择未锁定的单元格，并且可以按 Tab 键，在受保护工作表上的未锁定单元格之间来回移动
设置单元格格式	更改"设置单元格格式"或"设置条件格式"对话框中的任意选项。如果在保护工作表之前应用了条件格式，则在用户输入满足不同条件的值时，格式设置将继续更改
设置列格式	可使用任何的列格式设置命令，其中包括更改列宽度或隐藏列（"开始"选项卡、"单元格"组和"格式"按钮）
设置行格式	可使用任何行格式设置命令，其中包括更改行高度或隐藏行（"开始"选项卡->"单元格"组->"格式"按钮）
插入列	插入列
插入行	插入行
插入超链接	甚至可以在未锁定单元格中插入新超链接

续表

删除列	删除列。 注释 如果"删除列"是受保护的而"插入列"不受保护，则用户可以插入其无法删除的列
删除行	删除行。 注释 如果"删除行"是受保护的而"插入行"不受保护，则用户可以插入其无法删除的行
排序	使用任何命令对数据进行排序（"数据"选项卡->"排序和筛选"组）。 注释 无论如何设置，用户都不能对受保护工作表中的包含锁定单元格的区域进行排序
使用自动筛选	在应用"自动筛选"时使用下拉箭头更改对区域进行的筛选。 注释 无论如何设置，用户都不能在受保护的工作表上应用或删除自动筛选
使用数据透视表	设置格式、更改布局、刷新或修改数据透视表，或者创建新的报表
编辑对象	可执行以下任一操作： 更改图形对象（包括地图、嵌入图表、形状）、文本框和保护工作表前没有解除锁定的控件。例如，如果工作表中具有一个运行宏的按钮，则您可以单击该按钮来运行相应的宏，但不能删除此按钮。 对嵌入图表进行任何更改，例如更改格式设置。当您更改图表的源数据时，该图表将继续更新。 添加或编辑批注
编辑方案	查看已隐藏的方案，更改已禁止对其进行更改的方案，并删除这些方案。如果可变单元格不受保护，则用户可以更改其中的值，并添加新方案

② 在"取消工作表保护时使用的密码"框中，键入工作表密码，单击"确定"，然后重新键入密码进行确认，如图 2-184 所示。密码为可选项。如果不提供密码，则任何用户都可以取消对工作表的保护并更改受保护的元素。如果丢失密码，则无法访问工作表上受保护的元素。

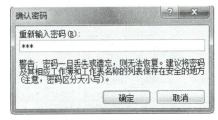

图 2-184 "确认密码"对话框

（7）此时，在表格中无底纹的单元格中可正常输入，在有底纹的单元格中输入数据时会出现如图 2-185 所示的提示，表明此单元格被设置成只读。

图 2-185 "警告"对话框

（8）若已设置保护的单元格中的数据需要修改，需先撤消工作表的保护，操作如下：在

"审阅"选项卡上的"更改"组中，单击"撤消工作表保护"（在工作表受保护时，"保护工作表"命令变为"撤消工作表保护"），如图 2-186 所示，打开"撤消工作表保护"对话框，如图 2-187 所示，在"密码"文本框中输入正确的密码并单击"确定"按钮，如图 2-187 所示，单元格恢复正常状态。

图 2-186 "撤消工作表保护"命令

图 2-187 "撤消工作表保护"对话框

3. 冻结窗格

（1）打开"冻结窗格"工作表，如图 2-188 所示。当我们浏览后面列的数据时，就会看不到左边前几列的内容，因而分不清每行数据的归属。

	A	B	C	D	E	F	G	H	I	J	K	L	M	N	O	
1	班级	学号	姓名	性别	身高	体重	身高体重分数	身高体重等级	肺活量	肺活量体重指数	肺活量体重分数	肺活量体重等级	耐力类项目编号	耐力类项目成绩	耐力类项目分数	耐目
2	法学091班	0002398154	王晓辉	1	179.8	62.9	60	较低体重	5044	80	92	优秀	03	53	75	
3	法学091班	0002398185	陆瑾	2	169	48.7	50	营养不良	2518	51	69	及格	03	55	81	
4	法学091班	0002398858	林倩	2	168.4	55.8	60	较低体重	2456	44	60	及格	03	99	100	
5	法学091班	0002400217	董海波	1	173.2	59.6	60	较低体重	3923	65	69	及格	03	43	30	
6	法学091班	0002400378	范淑珍	2	159.3	55.6	100	正常体重	2393	43	60	及格	03	63	90	
7	法学091班	0002400925	王勤刚	1	176.7	75	50	肥胖	6375	85	100	优秀	03	64	84	
8	法学091班	0002400933	吴瑞琦	1	174.2	62.6	100	正常体重	3949	63	66	及格	03	67	90	
9	法学091班	0002401064	章秀	2	162.4	53.4	100	正常体重	3338	62	84	良好	03	45	63	
10	法学091班	0002401797	胡俊	1	174.5	57	60	较低体重	3702	64	69	及格	03	46	60	
11	法学091班	0002402095	陆晓清	2	169.7	70.7	60	超重	2692	38	20	不及格	03	81	100	
12	法学091班	0002402370	林型木	1	175.4	65.7	60	正常体重	4681	71	78	良好	03	71	92	

图 2-188 "冻结窗格"工作表

（2）冻结前三列数据。

① 选择第四列某一单元格。

② 在"视图"选项卡上的"窗口"组中，单击"冻结窗格"按钮，打开其子菜单，如图 2-189 所示，选择"冻结拆分窗格"命令。

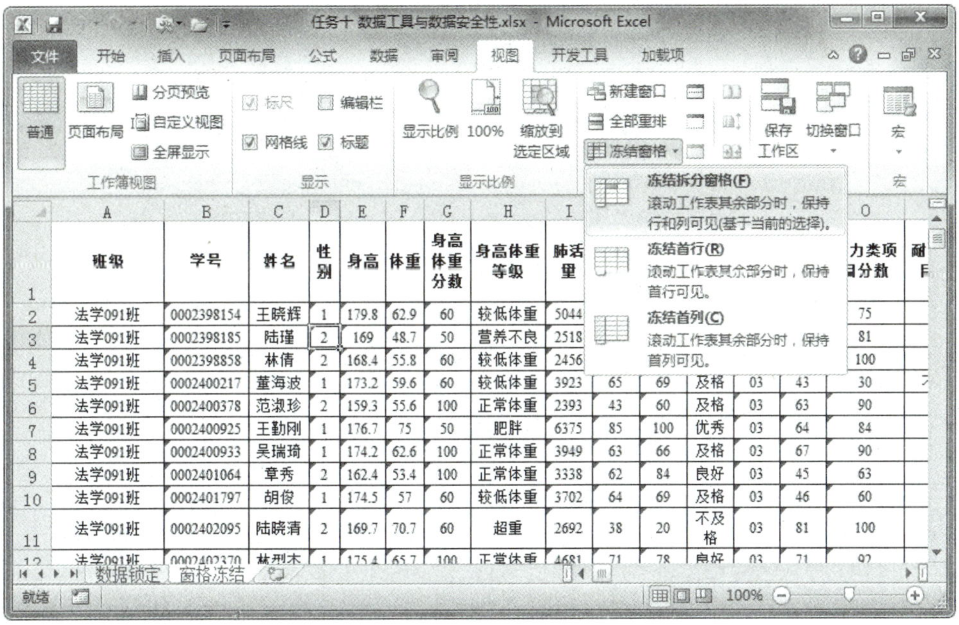

图 2-189 "冻结窗格"命令

③ 当我们浏览后面列数据时，让这三列一直出现在窗口左边。效果如图 2-190 所示。

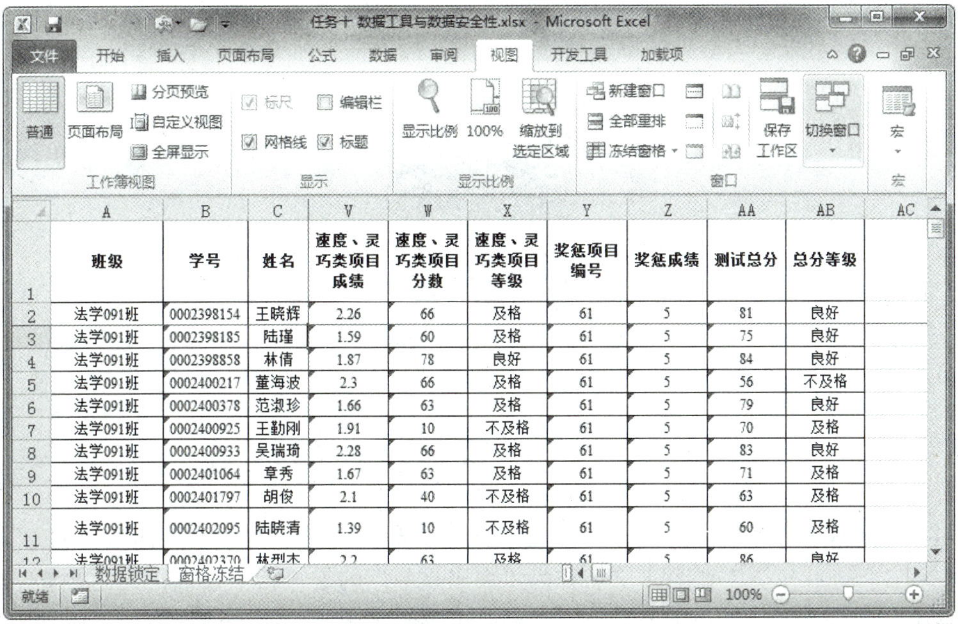

图 2-190 "冻结窗格"效果

④ 在"视图"选项卡上的"窗口"组中，单击"冻结窗格"按钮，打开其子菜单，选择"取消冻结窗格"命令（在工作表已设置冻结窗格时，"拆分冻结窗格"命令变为"取消冻结窗格"），如图 2-191 所示。

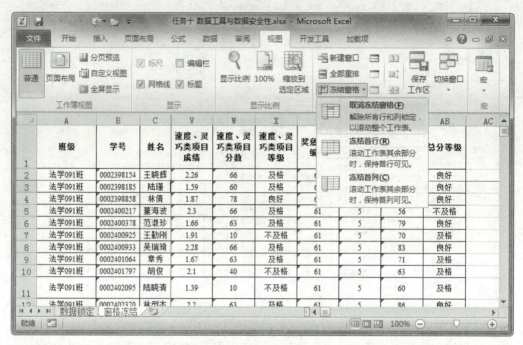

图 2-191　"取消冻结窗格"命令

【任务总结】系统默认整张工作表中所有单元格为锁定状态，本任务中只对表格中单元格进行了去除锁定，未对表格外的单元格进行处理，故表格外所有单元格均处于锁定状态。

微课 2-10　数据工具与数据安全性

任务 11　宏和窗体控件的应用

【任务目标】启动 Excel 2010，打开工作簿"任务十一 宏和窗体控件的应用.xlsx"。

（1）在"2009 年"工作表建立名称为"突出显示"的宏，新增设置格式化的条件规则，使得销售量低于 2 000 的单元格内容为红色、粗体，然后指定快捷键 Ctrl+m，将宏套用至 D2:G55 单元格。使用快捷键 Ctrl+m，分别将"突出显示"宏套用至"2010 年"及"2011 年"工作表 D2:G55 单元格中。

（2）在"全年销售统计"工作表 N2 单元格中插入名称为"月平均"的按钮（窗体控件），并将按钮指定到"平均销量"宏。

【任务分析】本任务要求利用 Excel 2010 的宏命令，新建宏、应用宏并且要在工作表中插入控件和设置控件的属性。

【知识准备】掌握新建宏、录制宏、应用宏、插入控件、设置控件属性。

【任务实施】

1. 打开素材文件"任务十一 宏和窗体控件的应用"，选择"2009 年"工作表，完成如下操作：在"2009 年"工作表中建立名称为"突出显示"的宏，新增设置格式化的条件规则，使得销售量低于 2 000 的单元格内容为红色、粗体，然后指定快捷键 Ctrl+m，将宏套用至 D2:G55 单元格。使用快捷键 Ctrl+m，分别将"突出显示"宏套用至"2010 年"及"2011 年"工作表 D2:G55 单元格中

（1）选择"视图"选项卡，单击"宏"命令中的"录制宏"命令按钮。如图 2-192 所示。

图 2-192　"录制宏"命令

（2）在打开的"录制新宏"对话框中，输入宏名"突出显示"，快捷键为"Ctrl+m"，如图 2-193 所示，单击"确定"按钮。

（3）开始录制宏。选择"开始"选项卡，单击"样式"组中的"条件格式"按钮，选择其中的"新建规则"命令，如图 2-194 所示。

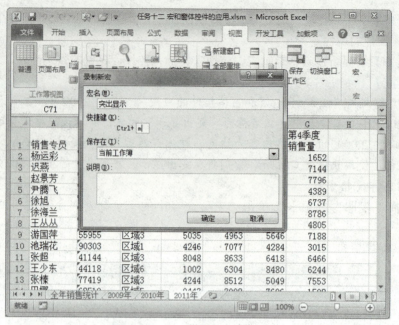

图2-193 "录制新宏"对话框

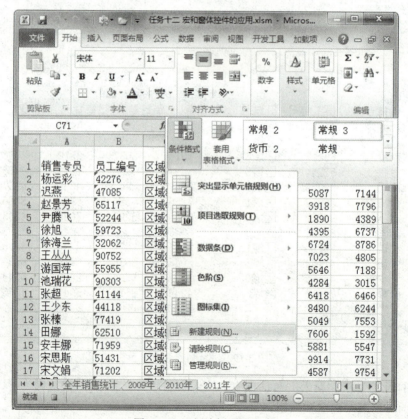

图2-194 "新建规则"命令

（4）在"新建格式规则"对话框中，单击"选择规则类型"里"只为包含以下内容的单元格设置格式"，"编辑规则说明"设置为"单元格值""小于""2 000"，如图2-195所示，单击对话框中的"格式"按钮。

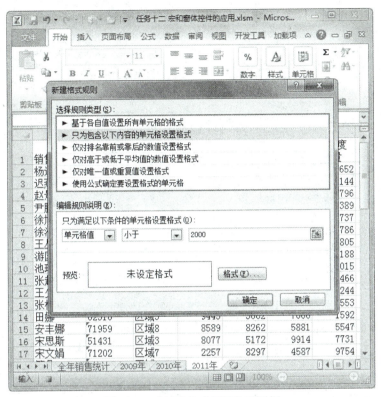

图 2-195　"新建格式规则"对话框

（5）在打开的"设置单元格格式"对话框中，字形设置为"加粗"，颜色设置为"红色"，如图 2-196 所示，单击"确定"按钮。

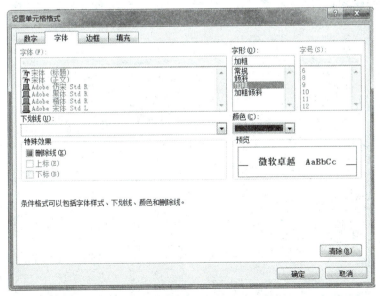

图 2-196　"设置单元格格式"对话框

（6）单击"新建格式规则"对话框中的"确定"按钮，如图2-197所示。

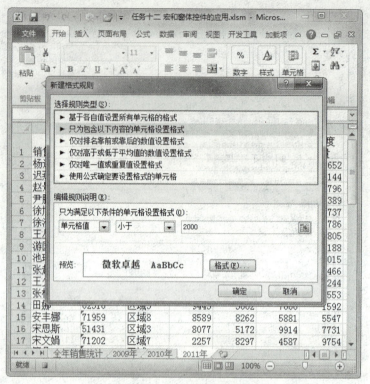

图2-197 "新建格式规则"

（7）选择"视图"选项卡，单击"宏"命令中的"停止录制"按钮，如图2-198所示。

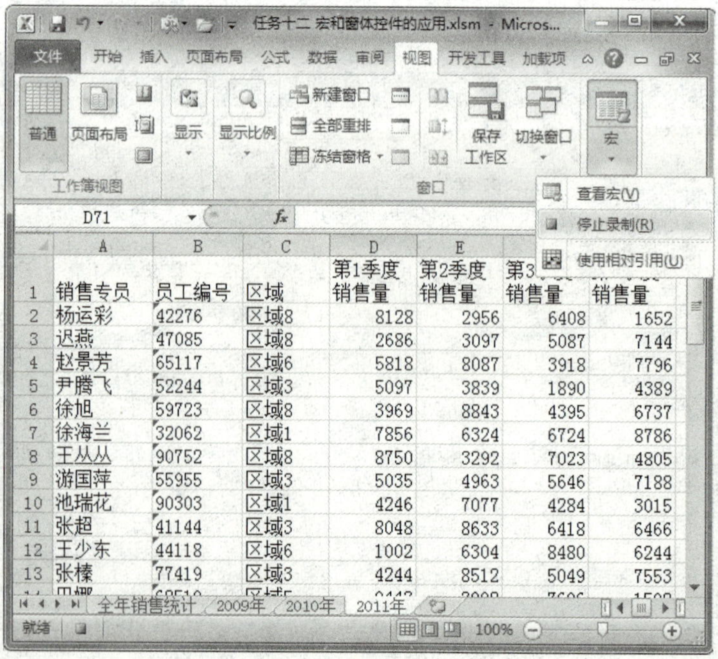

图2-198 "停止录制"命令

（8）选中"2009 年"工作表中的数据区域 D2:G55，单击键盘上的快捷键"Ctrl+m"，效果如图 2-199 所示。

图 2-199　应用宏后效果图

（9）分别选中"2010 年"工作表和"2011 年"工作表中的数据区域，单击键盘上的快捷键"Ctrl+m"，效果如图 2-200 和图 2-201 所示。

图 2-200　应用宏后效果图

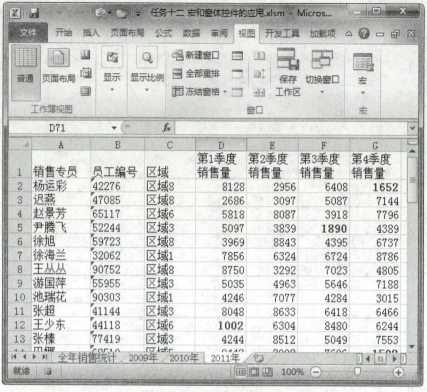

图 2-201　应用宏后效果图

2. 选择"全年销售统计"表，完成如下操作：在 N2 单元格插入名称为"月平均"的"按钮（窗体控件）"，并将按钮指定到"平均销量"宏

（1）选择"N2"单元格，打开"开发工具"选项卡，单击"插入"命令中的"表单控件"里的"按钮（窗体控件）"，如图 2-202 所示。

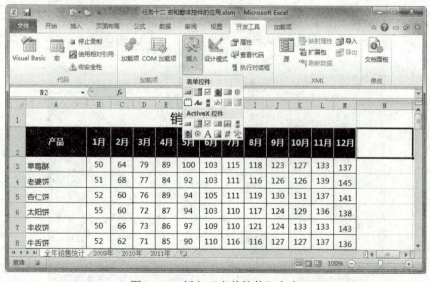

图 2-202　插入"表单控件"命令

（2）将鼠标移至"N2"单元格，当鼠标光标变成"+"字型，按住鼠标左键，绘制一个矩形按钮，松开鼠标左键，弹出"指定宏"对话框，单击"平均销量"，如图 2-203 所示，单击"确定"按钮。

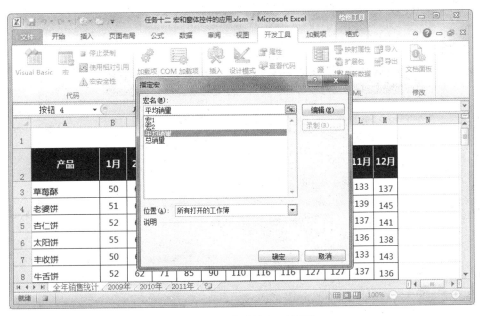

图 2-203 "指定宏"对话框

（3）在按钮上单击鼠标右键，选择快捷菜单中的"编辑文字"命令，如图 2-204 所示。

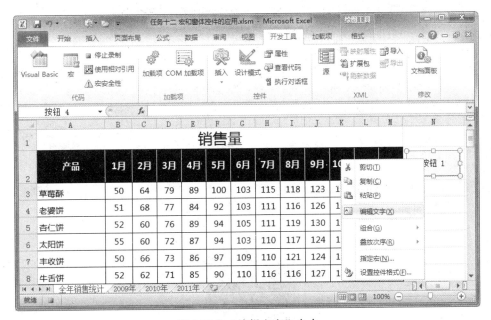

图 2-204 "编辑文字"命令

（4）输入按钮名称"月平均"，如图 2-205 所示。最终效果如图 2-206 所示。

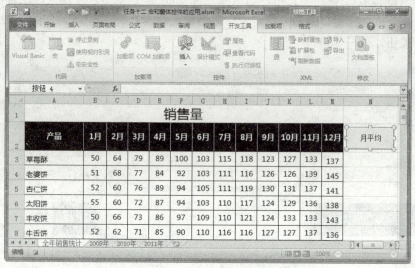

图 2-205　输入按钮名称"月平均"

图 2-206　最终效果图

【任务总结】本任务使用 Excel 宏命令和开发工具中的控件，需要注意，在录制宏命令时可以为宏设置快捷键。

微课 2-11　宏和窗体控件的应用

任务 12   Excel 窗口操作与视图显示

【任务目标】启动 Excel 2010，打开工作簿"任务十二 Excel 窗口操作与视图显示.xlsx"。完成如下操作：

（1）取消隐藏"成绩计算规则"工作表。

（2）设置滚动"成绩单"工作表时，前 3 行数据始终可见；隐藏编辑栏及网格线；在单元格 G56 新增单元格监视窗口。

（3）新建窗口，并以"平铺"的排列方式显示，窗口 1 显示"成绩计算规则"工作表，窗口 2 显示"成绩单"工作表。

【任务分析】本任务要求利用 Excel 2010 工作表进行隐藏和取消隐藏，冻结窗口，隐藏编辑栏及网格线，创建监视窗口，平铺窗口等操作。

【知识准备】学会取消隐藏工作表、冻结窗口、新建监视窗口、平铺窗口等操作。

【任务实施】

1. 取消隐藏"成绩计算规则"工作表

（1）右键单击"成绩单"工作表表名，在快捷菜单中选择"取消隐藏"命令，如图 2-207 所示。

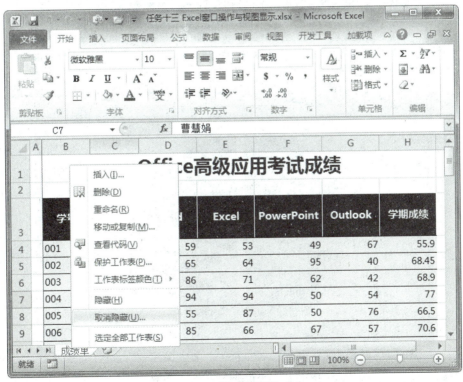

图 2-207 "取消隐藏"命令

（2）在打开的"取消隐藏"窗口中，单击选择要取消隐藏工作表"成绩计算规则"，如图 2-208 所示，单击"确定"按钮。最终效果如图 2-209 所示。

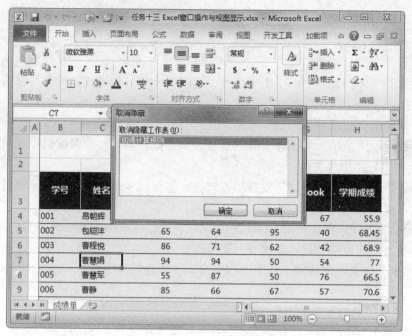

图 2-208　"取消隐藏"对话框

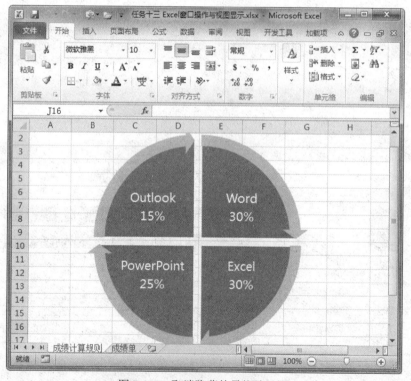

图 2-209　取消隐藏的最终效果图

2. 设置滚动"成绩单"工作表时，前 3 行数据始终可见；隐藏编辑栏及网格线；在单元格 G56 新增单元格监视对话框

（1）选择第 4 行，打开"视图"选项卡，选择"窗口"组中的"冻结拆分窗格"命令，

如图 2-210 所示。最终效果如图 2-211 所示。

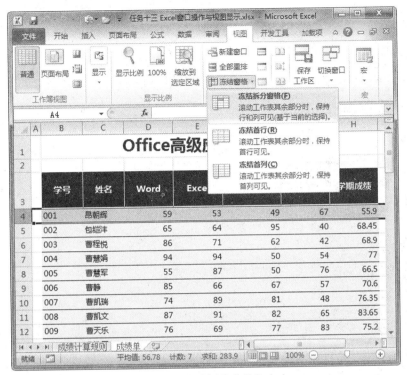

图 2-210　"冻结拆分窗格"命令

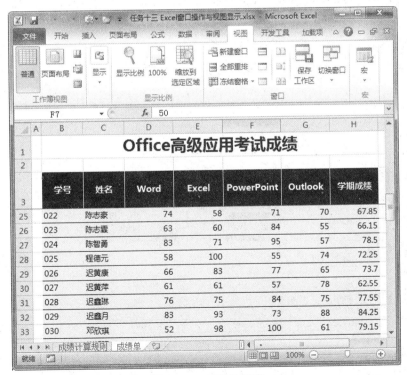

图 2-211　最终效果图

（2）打开"公式"选项卡，选择"公式审核"组中的"监视窗口"命令，如图 2-212 所示。

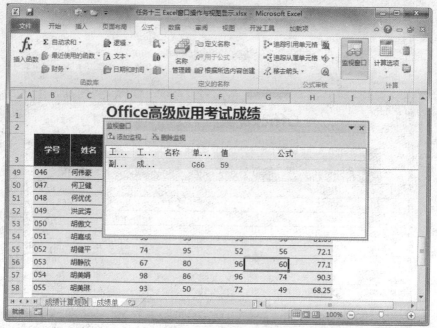

图 2-212 "监视窗口"命令

（3）在打开的"添加监视点"对话框中，拾取单元格地址，如图 2-213 所示，单击"确定"按钮。

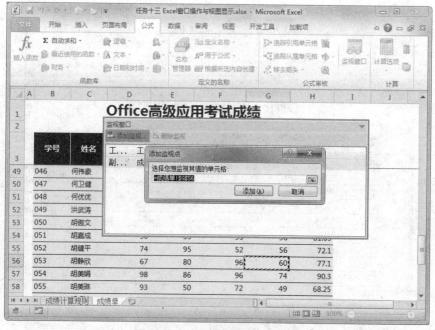

图 2-213 "添加监视点"对话框

（4）添加完监视窗口效果图如图 2-214 所示。

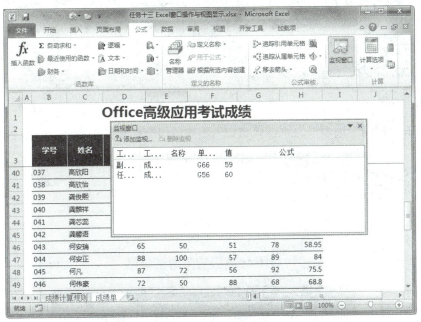

图 2-214　最终效果图

3. 新建窗口，并以"平铺"排列方式显示，窗口 1 显示"成绩计算规则"工作表，窗口 2 显示"成绩单"工作表

（1）打开"视图"选项卡，单击"窗口"组中的"新建创库"命令，如图 2-215 所示。

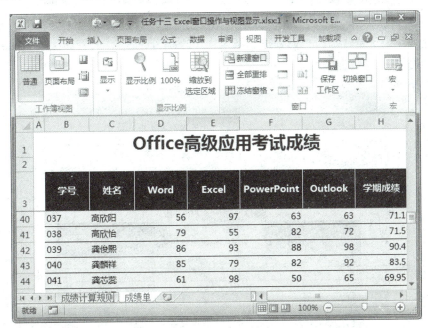

图 2-215　"新建创库"命令

（2）鼠标划过任务栏上的 Excel 图标时，显示效果如图 2-216 所示。

图 2-216 任务栏显示效果

（3）打开"视图"选项卡，单击"窗口"组中的"全部重排"命令，如图 2-217 所示。

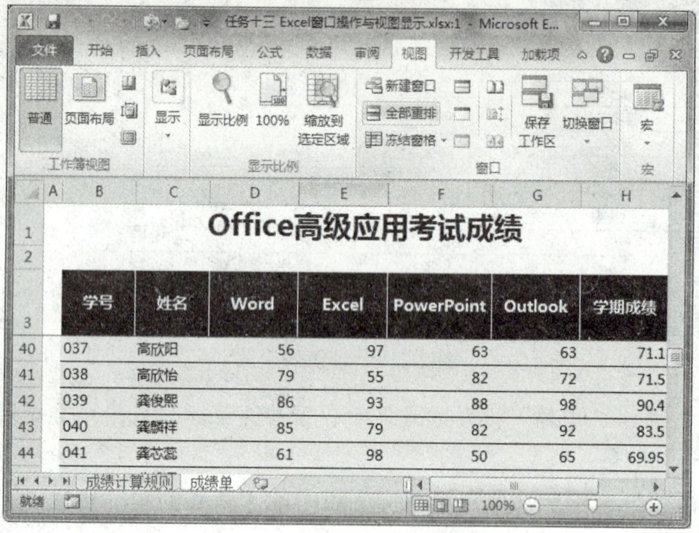

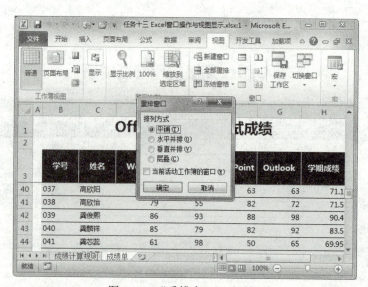

图 2-217 "全部重排"命令

（4）在弹出的"重排窗口"对话框中单击选中排列方式"平铺"，如图 2-218 所示。单击"确定"按钮。

图 2-218 "重排窗口"对话框

（5）重排窗口后的效果如图 2-219 所示。

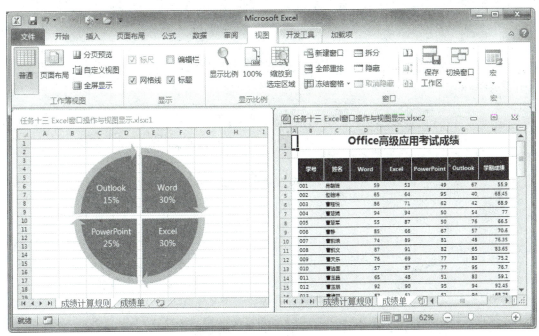

图 2-219　最终效果图

【任务总结】本任务使用 Excel 窗口操作和视图显示，方便对数据进行监视和处理。

微课 2-12　Excel 窗口操作与视图显示

任务 13　Excel 获取外部数据操作

【任务目标】打开素材"任务十三 Excel 获取外部数据操作.xlsx"，使用逗号作为分隔符符号，自 A1 单元格导入文本文件"销售数据"，不导入"折扣"列，再将工作表命名为"销售订单"。

【任务分析】本任务要求利用 Excel 2010 按要求导入外部数据。

【知识准备】数据导入。

【任务实施】

（1）打开素材"任务十三 Excel 获取外部数据操作.xlsx"。单击"数据"选项卡，选择"获取外部数据"命令中的"自文本"命令，如图 2-220 所示。

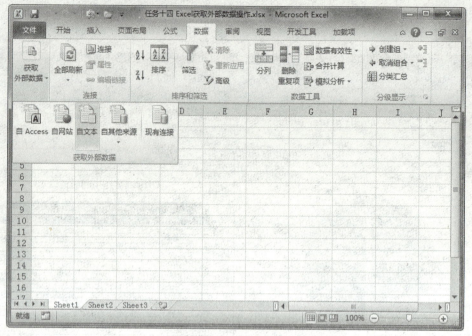

图 2-220 "自文本"命令

（2）在打开的"导入文本文件"对话框中选择"销售数据.txt"，单击"导入"按钮，如图 2-221 所示。

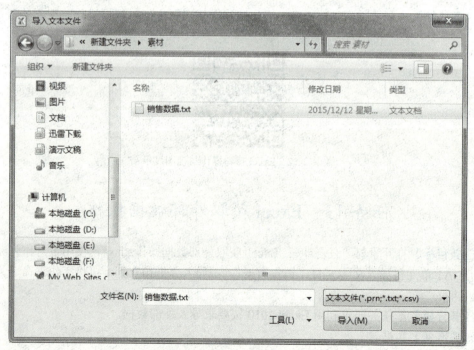

图 2-221 "导入文本文件"窗口

（3）在"文本导入向导-第 1 步，共 3 步"对话框中的文件原始格式选择"简体中文（GB 2312）"，如图 2-222 所示，单击"下一步"按钮。

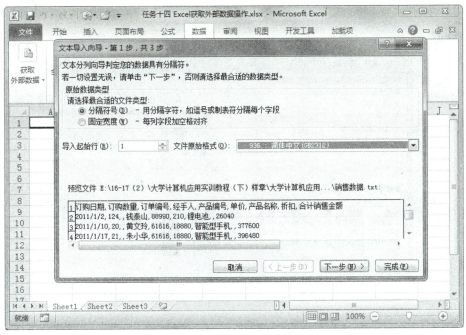

图 2-222　"文本导入向导-第 1 步"对话框

（4）在"文本导入向导-第 2 步，共 3 步"对话框中，分隔符号下选择"逗号"，如图 2-223 所示，单击"下一步"按钮。

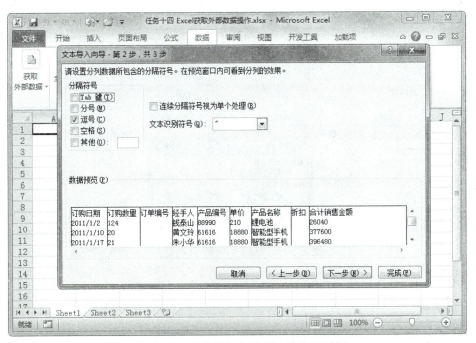

图 2-223　"文本导入向导-第 2 步"对话框

（5）在"文本导入向导-第 3 步，共 3 步"对话框中"列数据格式"中选择"不导入此列（跳过）"，在"数据预览"下方单击"折扣"列，如图 2-224 所示，单击"完成"按钮。

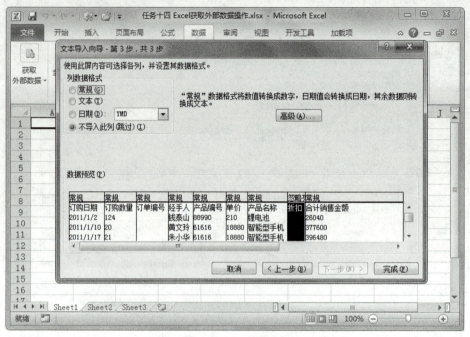

图 2-224 "文本导入向导-第 3 步"对话框

（6）在"导入数据"对话框中选择数据的放置位置为"现有工作表"的 A1 单元格，如图 2-225 所示。

图 2-225 "导入数据"对话框

（7）最终效果图如图 2-226 所示。

图 2-226　最终效果图

【任务总结】本任务要求利用 Excel 2010 导入外部数据，导入时，可修改数据类型，可设置不导入某列数据。

微课 2-13　Excel 获取外部数据操作

任务 14　Excel 工作表的页面设置及打印

【任务目标】启动 Excel 2010，打开工作簿"任务十四 Excel 工作表的页面设置及打印.xlsx"。完成如下操作：

（1）设置打印标题的范围为第 1 行。

（2）将工作表设置除首页外，页眉中央为数据表名称，页脚中央选择"第 1 页，共 ? 页"样式。

（3）设置单元格范围 A3:G9 为打印区域，然后使用"Microsoft XPS Document Write"打印机打印 3 份。

【任务分析】本任务要求利用 Word 2010 建立新文档，使用 Excel 建立数据源，再对文档和数据源进行邮件合并设置。

【知识准备】掌握 Word 文档的编辑、Excel 表格的简单制作、邮件合并中原始文档与数据源的连接、各字段与占位符的设置、数据源数据的处理。

【任务实施】

（1）打开"任务十四 Excel 工作表的页面设置及打印.xlsx"，选择"页面布局"选项卡，选择"页面设置"组中的"打印标题"命令，如图 2-227 所示。

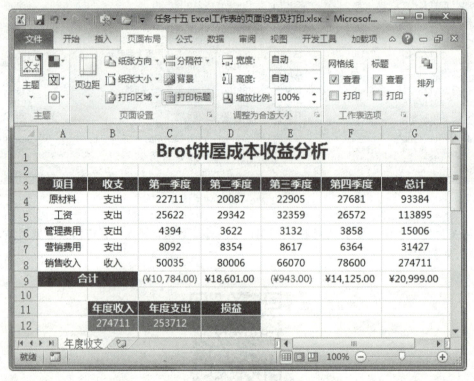

图 2-227 "打印标题"命令

（2）在打开的"页面设置"对话框中，选择"工作表"选项卡，设置如图 2-228 所示。

（3）在打开的"页面设置"对话框中，单击"页眉/页脚"选项卡，设置如图 2-229 所示。然后单击"自定义页眉"按钮。

（4）在打开的"页眉"对话框中，单击"页眉"选项卡，设置如图 2-230 所示。单击"确定"按钮，返回至"页面设置"对话框，单击"自定义页脚"按钮。效果如图 2-231 所示。

图 2-228 "页面设置—工作表"对话框

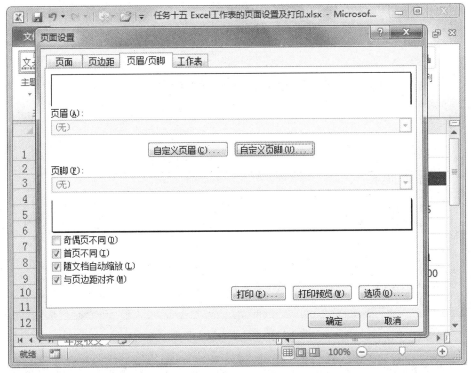

图 2-229 "页面设置—页眉/页脚"对话框

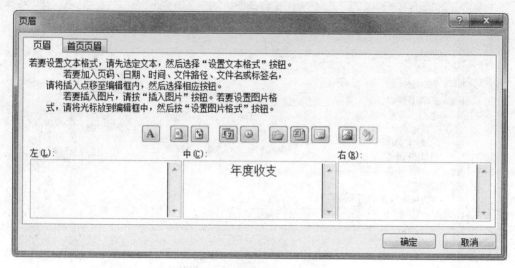

图 2-230 "页眉设置"对话框

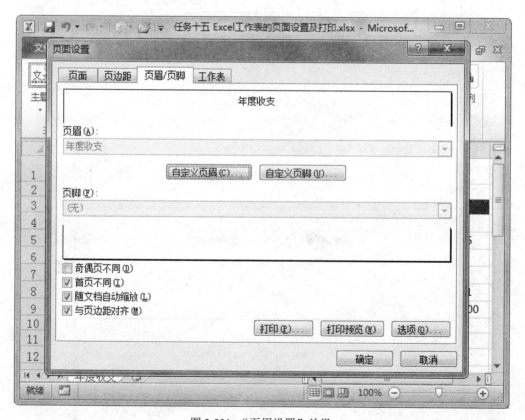

图 2-231 "页眉设置"效果

（5）在打开的"页脚"对话框中，单击"页脚"选项卡，设置如图 2-232 所示。然后单击"确定"按钮，返回至"页面设置"对话框，单击"确定"按钮。效果如图 2-233 所示。

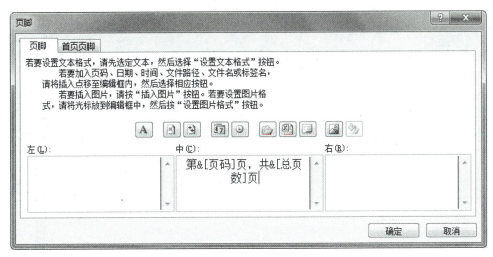

图 2-232 "页脚设置"对话框

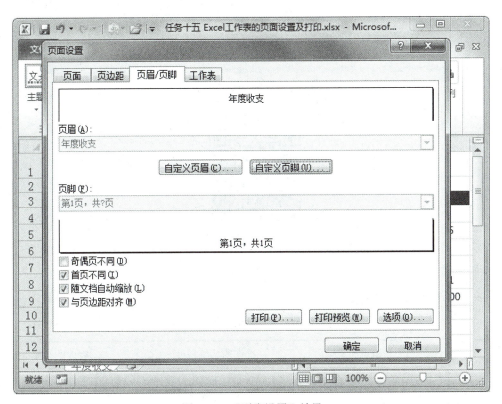

图 2-233 "页脚设置"效果

（6）选择"文件"中的"打印"命令，设置如图 2-234 所示。

【任务总结】本任务使用 Excel 2010 页面设置命令，完成页眉和页脚的设置，最后完成打印设置。

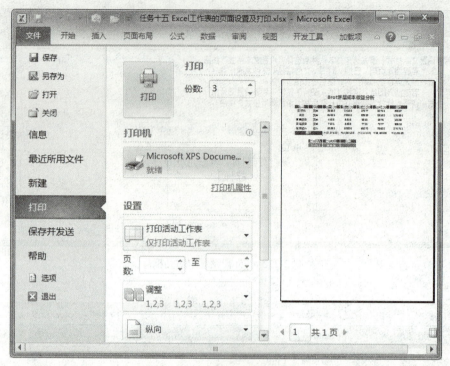

图 2-234　"打印设置"对话框

微课 2-14　Excel 工作表的页面设置及打印

【项目评价】

表 2-2 所示为项目评价。

表 2-2　项目评价

任务	相关知识点的掌握		操作的熟练程度		完成的结果	
	教师评价	学生自我评价	教师评价	学生自我评价	教师评价	学生自我评价
任务一						
任务二						
任务三						
任务四						

续表

任务	相关知识点的掌握		操作的熟练程度		完成的结果	
	教师评价	学生自我评价	教师评价	学生自我评价	教师评价	学生自我评价
任务五						
任务六						
任务七						
任务八						
任务九						
任务十						
任务十一						
任务十二						
任务十三						
任务十四						

【项目小结】本项目根据 Excel 的基本功能完成了从工作簿的创建和保存、格式化操作、图表创建与格式化、数据计算与管理，同时包含一些窗口高级操作，展现了 Excel 十分强大的电子表格处理功能。

【练习与思考】

（1）制作一份"学生成绩单统计分析"的电子表格，包括数据编辑、修饰，公式和函数的使用，图表的创建和修饰，数据的排序、筛选、分类汇总等。使用素材"综合项目学生成绩单统计分析表.xlsx"，将表 2-3、表 2-4 的数据处理后达到图 2-235～图 2-240 所示的效果。

表 2-3　学生成绩单原始表

学号	姓名	性别	数据结构	数据库	CAD	高职英语	平均分	加减分	总积分	总排名
	冯晶晶	女	85	90	94	95		9		
	张珈硕	男	76	60	70	95		3		
	陈颖	女	90	82	84	95		12.5		
	齐浩	男	74	67	31	65		0		
	潘丽	女	82	77	78	95		10.5		
	张欣	男	46	71	60	85		2.5		
	李甜甜	女	92	82	86	95		10.5		
	马帅	男	65	72	32	65		2.5		
	王峰	男	66	60	36	65		0		

续表

学号	姓名	性别	数据结构	数据库	CAD	高职英语	平均分	加减分	总积分	总排名
	朱芮	女	68	77	60	95		0		
	聂家兴	男	48	45	28	65		2		
	刘畅	男	90	86	89	65		4		
	李秋实	男	68	71	32	65		0		
	王思淼	女	67	60	60	85		2.5		
	满宇明	男	86	79	62	85		6.5		
	徐强	男	76	87	30	75		5.5		
	王帅	男	65	76	60	65		0		
	李东旭	男	71	62	62	65		0		
	杨洋	男	67	40	44	65		0		
	赵冬冬	男	66	35	0	65		0		
	田云多	男	66	60	78	75		0		
	梁宵	男	68	62	60	75		0		
	王曦泽	男	66	60	60	75		0		
	于子杰	男	67	60	20	75		0		
	岳磊	男	70	60	60	65		0		
	吴浩楠	男	81	68	22	65		−2		
	李天鹏	男	69	39	60	75		0		

表 2-4 成绩统计分析表

统计项目	统计结果
总积分最高分	
总积分最低分	
总积分平均分	
总积分 90~100（人）	
总积分 80~89（人）	
总积分 70~79（人）	
总积分 60~69（人）	
总积分 59 分以下（人）	

学号	姓名	性别	数据结构	数据库设计	CAD设计	高职英语	平均分	加减分	总积分	总排名
15G62101	冯晶晶	女	85	90	91	95	91.00	9	100.00	2
15G62102	张晓颀	男	76	60	70	95	75.25	3	78.25	7
15G62103	陈颖	女	90	82	84	95	87.75	12.5	100.25	1
15G62104	齐裕	男	74	67	31	65	59.25	0	59.25	20
15G62105	潘丽	女	82	77	78	95	83.00	10.5	93.50	4
15G62106	张欣	男	46	71	60	85	65.50	2.5	68.00	12
15G62107	李甜甜	女	92	82	86	95	88.75	10.5	99.25	3
15G62108	马帅	男	65	72	32	65	58.50	2.5	61.00	18
15G62109	王峰	男	66	60	36	65	56.75	0	56.75	23
15G62110	朱芮	女	68	77	60	95	75.00	0	75.00	8
15G62111	聂家兴	男	48	45	28	65	46.50	2	48.50	26
15G62112	刘鹏	男	90	86	89	65	82.50	4	86.50	5
15G62113	李秋实	男	68	71	32	65	59.00	0	59.00	21
15G62114	王思燊	女	67	60	60	85	68.00	2.5	70.50	10
15G62115	曹于明	男	85	79	62	85	78.00	6.5	84.50	6
15G62116	侯磊	男	76	87	30	75	67.00	5.5	72.50	9
15G62117	王帅	男	65	76	60	65	66.50	0	66.50	13
15G62118	李东旭	男	71	62	62	65	65.00	0	65.00	16
15G62119	杨泮	男	67	40	44	65	54.00	0	54.00	25
15G62120	赵冬冬	男	66	35	0	65	41.50	0	41.50	27
15G62121	田云多	男	66	60	78	75	69.75	0	69.75	11
15G62122	辛蓓	男	68	62	60	75	66.25	0	66.25	14
15G62123	王璐泽	男	66	60	60	75	65.25	0	65.25	15
15G62124	于子杰	男	67	60	20	75	55.50	0	55.50	24
15G62125	岳磊	男	70	60	60	65	63.75	0	63.75	17
15G62126	吴浩楠	男	81	68	22	65	59.00	-2	57.00	22
15G62127	李天鹏	男	69	39	60	75	60.75	0	60.75	19

图 2-235　学生成绩原始表

统计项目	统计结果
总积分最高分	100.25
总积分最低分	41.5
总积分平均分	69.56
总积分90～100（人）	4
总积分80～89（人）	2
总积分70～79（人）	4
总积分60～69（人）	9
总积分59分以下（人）	8

图 2-236　成绩统计分析表

学号	姓名	性别	数据结构	数据库设计	CAD设计	高职英语	平均分	加减分	总积分	总排名
15G62109	王峰	男	66	60	36	65	56.75	0	56.75	23
15G62111	聂家兴	男	48	45	28	65	46.50	2	48.50	26
15G62119	杨泮	男	67	40	44	65	54.00	0	54.00	25
15G62120	赵冬冬	男	66	35	0	65	41.50	0	41.50	27
15G62124	于子杰	男	67	60	20	75	55.50	0	55.50	24

图 2-237　总积分后 5 名

学号	姓名	性别	数据结构	数据库设计	CAD设计	高职英语	平均分	加减分	总积分	总排名
15G62103	陈颖	女	90	82	84	95	87.75	12.5	100.25	1
15G62105	潘丽	女	82	77	78	95	83.00	10.5	93.50	4
15G62107	李甜甜	女	92	82	86	95	88.75	10.5	99.25	3
							平均分		总积分	
							<90		≥90	

图 2-238　总积分≥90 分且平均分<90 分

性别	总积分
男 平均值	63.79
女 平均值	89.75
总计平均值	69.56

图 2-239　汇总男女生总积分平均分

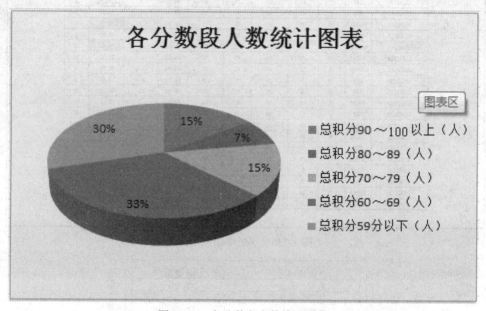

图 2-240　各分数段人数统计图表

项目 3

PowerPoint 2010 演示文稿软件

【项目描述】PowerPoint 2010 是 Microsoft Office 2010 软件包中的一个重要组件，适用于创建、编辑专业的演示文稿，广泛应用于专家报告、产品演示、广告宣传等宣讲活动电子版幻灯片的设计制作。

【项目分析】本项目主要从演示文稿的创建、编辑和保存，使用母版创建统一风格的演示文稿，幻灯片的打印、放映，以及个性化设置 PowerPoint 等方面进行设置。

【相关知识和技能】本项目相关的知识点有：PPT 演示文稿的创建与保存；PPT 演示文稿的编辑；PPT 演示文稿的打印、放映，PPT 演示文稿母版的设计与使用方法等。

任务 1   演示文稿的创建与保存

【任务目标】

目标 1：利用"内容提示向导"功能，自动创建一个如图 3-1 所示的"项目状态报告"类的演示文稿模板。

图 3-1   使用"内容提示向导"创建演示文稿效果图

目标 2：利用设计版式创建如图 3-2 所示的"水的形成过程.pptx"演示文稿。

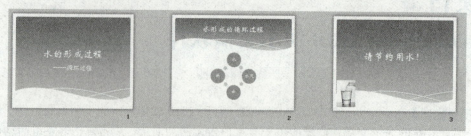

图 3-2 "水的形成过程.pptx"演示文稿效果图

【任务分析】本项目依次完成两个小幻灯片的制作，其一是利用"内容提示向导"创建"小测验短片"类演示文稿，其二是利用设计模板创建幻灯片，在创建幻灯片的过程中，添加文本、剪贴画、SmartArt 结构图等。

【知识准备】掌握利用模板创建演示文稿的方法。掌握 PPT 文档的建立、设置幻灯片的基本操作、在幻灯片中插入对象的方法。

【任务实施】

1. 利用模板功能，自动创建一个"项目状态报告"类的演示文稿模板，并在演示文稿的最后添加一张新幻灯片，在幻灯片中添加标题"谢谢！"

（1）启动 PowerPoint 2010，选择"文件"，在下拉菜单中选择"新建"，在"可用的模板和主题"中选择样本模板，最后在"样本模板"中选择"项目状态报告"，单击"创建"，如图 3-3 所示。

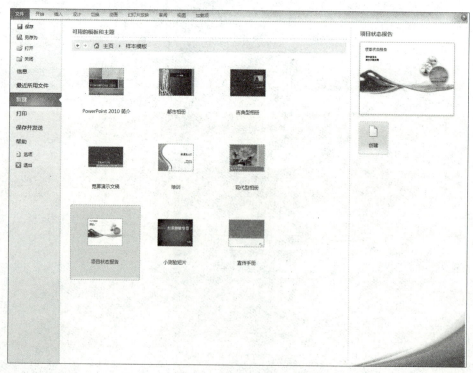

图 3-3 选择样本模板图

（2）在"幻灯片"视图中选中第十一张幻灯片。选择"开始"选项卡，单击"幻灯片"组中的"新建幻灯片"的下拉箭头，在下拉菜单中选择"节标题"，如图 3-4 所示，在演示文稿的末尾添加一张如图 3-5 所示的新幻灯片。

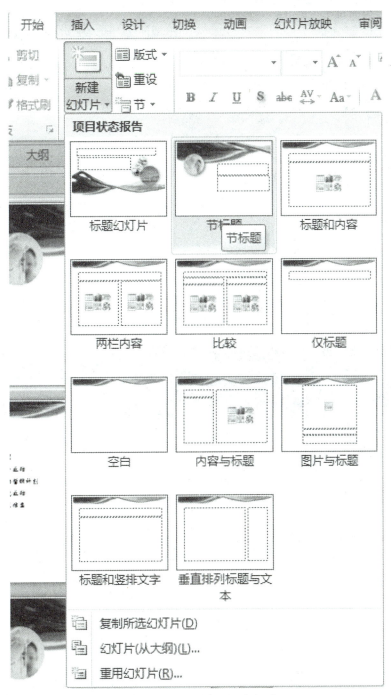

图 3-4　选择"节标题"幻灯片

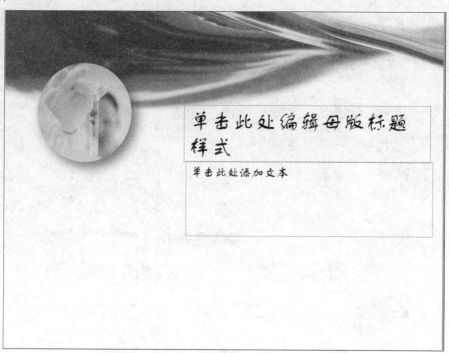

图 3-5　"节标题"版式的幻灯片

（3）单击文本框"单击此处编辑母版标题样式"，并直接输入"谢谢！"即可，效果如图 3-6 所示。

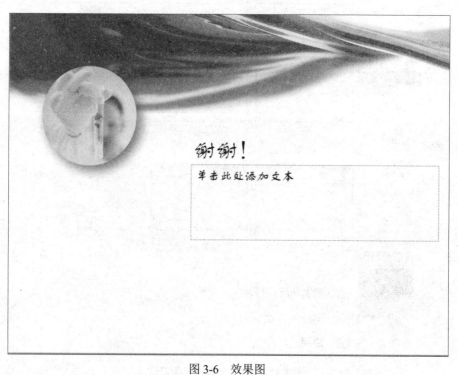

图 3-6　效果图

（4）在每张幻灯片中填入相应的文本，完善内容。

（5）单击"文件"菜单下的"保存"按钮，或单击"常用"工具栏中的"保存"按钮，保存演示文稿。

微课 3-1 　利用"内容提示向导"功能创建演示文稿

2. 利用设计版式功能，创建演示文稿

（1）启动 PowerPoint 2010，选择"开始"选项卡，单击"幻灯片"组中的"版式"，在 office 主题中选择"标题幻灯片"，出现如图 3-7 所示的界面。

图 3-7 　"标题幻灯片"版式

（2）选择"设计"选项卡，在"页面设置"组中，设置"幻灯片方向"为"横向"，或单击"页面设置"，在弹出的"页面设置"对话框中选择"横向"。

（3）选择"设计"选项卡，单击"主题"组中的"波形"，如图 3-8 所示。

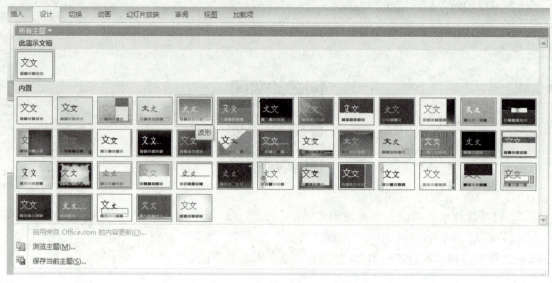

图 3-8 选择"波形"主题

（4）在"单击此处添加标题"处单击，添加文本"水的形成过程"，选择"开始"选项卡，设置字体为"华文新魏"，字号为"60"；在"单击此处添加副标题"处单击，添加文本"——循环过程"，设置字体为"华文楷体"，字号为"40"。效果如图 3-9 所示。

图 3-9 设置文本样式效果图

（5）插入 SmartArt 图形。

① 单击"开始"选项卡，在"幻灯片"组中单击"新建幻灯片"，在下拉菜单中选择"标题和内容"，向演示文稿中添加一张新幻灯片。

② 在"单击此处添加标题"处单击，输入文本"水形成的循环过程"。

③ 在下面的文本框中选择"插入 SmartArt 图形"，弹出"选择 SmartArt 图形"对话框，选择"循环"中的"基本循环"，如图 3-10 所示。

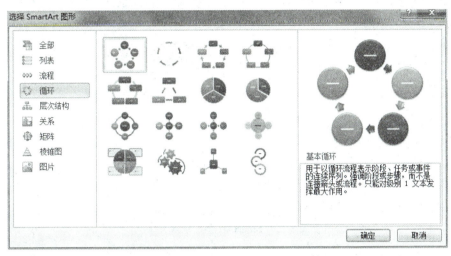

图 3-10　"选择 SmartArt 图形"对话框

④ 单击"确定"按钮，效果如图 3-11 所示。

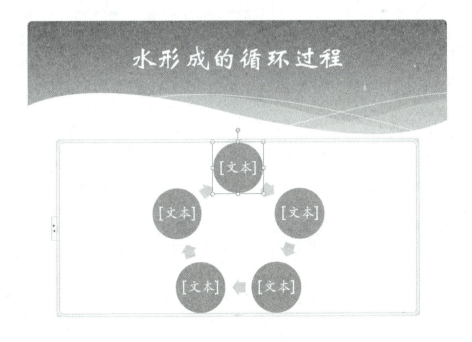

图 3-11　插入"SmartArt 图形"效果图

⑤ 单击 SmartArt 图形左侧的箭头，展开"在此处输入文字"对话框，并输入文字"水""水汽""云"和"雨"，如图 3-12 所示。

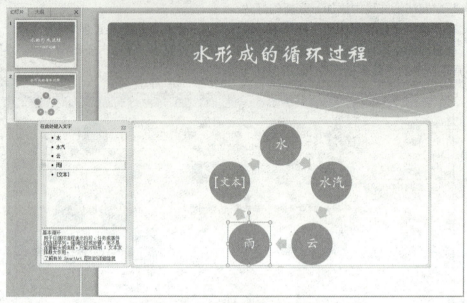

图 3-12　SmartArt 图形录入文字

⑥ 单击 SmartArt 图形中的"文本"，按下"Delete"键将其删除。第二张幻灯片的效果如图 3-13 所示。

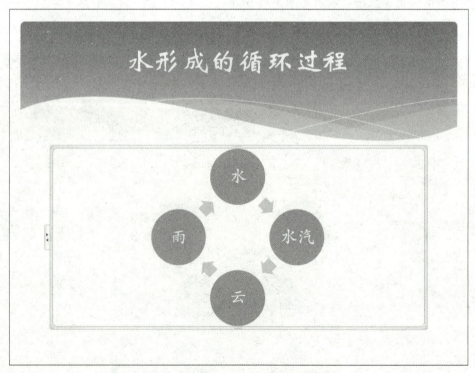

图 3-13　第二张幻灯片的效果图

（6）把第一张幻灯片复制一份放在演示文稿的最后一页上。

操作技巧

复制幻灯片的方法有多种：

方法一：利用幻灯片浏览视图复制幻灯片。

① 在幻灯片浏览视图中，选定第一张幻灯片。

② 按住 Ctrl 键，然后按住鼠标左键拖动第一张幻灯片。

③ 拖动时，会出现一个竖直的插入点来表示选定幻灯片的新位置。

④ 把鼠标拖动到最后，松开鼠标左键，再松开 Ctrl 键，第一张幻灯片被复制到演示文稿的最后一页。

方法二：通过命令按钮来复制幻灯片。

① 在幻灯片的浏览视图中，选定第一张幻灯片；

② 选择"开始"选项卡，单击"剪贴板"组中的"复制"命令；

③ 将插入点移到第二张幻灯片，单击"粘贴"按钮。

（7）更改第三张幻灯片中的标题、删除副标题及插入一个剪贴画。

① 更改文字"水的形成过程"为"请节约用水！"。

② 选中副标题文本框，按 Delete 键删除这个对象。

③ 选择"插入"选项卡，单击"图像"组中的"剪贴画"，显示"剪贴画"任务窗格。

④ 在"搜索文字"文本框中输入"水"，单击"搜索"按钮。

⑤ 在搜索结果中找到合适的剪贴画，单击其右侧的下三角按钮，在下拉菜单中选择"插入"命令，如图 3-14 所示。然后将其调整至合适的大小，并移动至适当位置。第三张幻灯片的效果如图 3-15 所示。

图 3-14　搜索并插入剪贴画

图 3-15 第三张幻灯片的效果图

7. 保存并关闭演示文稿

选择"文件"菜单栏下的"保存"命令，或者选择"文件"菜单下的"另存为"命令，弹出"另存为"对话框，在"文件名"框中输入新的文件名"水的形成过程"，如图 3-16 所示。

图 3-16 "另存为"对话框

操作技巧

（1）使用"模板"制作的演示文稿后，用户可以根据需要修改其中的内容，或者添加新的幻灯片，以便得到自己所需的演示文稿。

（2）搜集素材。

① 制作演示文稿时需要综合运用图片、声音、视频等文件，不断提高幻灯片的美观性和实用性。选用可视类素材时要注意素材与主题相符、颜色搭配与整体风格协调、分辨率足够适合幻灯片尺寸等方面的因素。

② 搜集素材时应充分运用搜索引擎的分类搜索功能。

（3）使用"根据现有演示文稿新建"创建演示文稿与使用"内容提示向导"创建演示文稿类似，它们都提供了多张幻灯片，并且包含建议的文本内容。与"内容提示向导"不同的是在直接套用这个模板文件时并没有询问用户的任何问题。

（4）移动一张幻灯片的最简单办法就是使用"拖放"操作。当然，也可以使用"剪切""粘贴"命令或者相应的按钮来移动幻灯片。要使用拖放操作重新排列幻灯片的顺序，请遵循下面操作：

① 单击 PowerPoint 2010 对话框左侧水平滚动条左端的"幻灯片浏览视图"按钮，切换到幻灯片浏览视图，将鼠标指向所要移动的幻灯片。

② 按住鼠标左键并拖动鼠标，将插入标记移动到新位置。

③ 释放鼠标，幻灯片就被移到了新位置。

【任务总结】本任务利用"内容提示向导"功能和根据设计模板创建和编辑两个演示文稿，充分练习了演示文稿的创建过程。

微课 3-2 使用设计版式创建演示文稿

任务2 编辑演示文稿

【任务目标】通过对素材的编辑，形成如图 3-17 所示的演示文稿。

【任务分析】本任务对现有的演示文稿进行字体设置、文本设置、图片格式设置，以及添加多媒体文件，最后保存文档。

【知识准备】演示文稿的字体设置、文本设置、图片格式设置，以及添加多媒体文件的方法。

图 3-17　演示文稿效果图

【任务实施】

（1）打开"任务2 素材.pptx"演示文稿。

（2）选择"设计"选项卡，在"主题"组中的"聚合"主题单击鼠标右键，选择"应用于所有幻灯片"，如图 3-18 所示。

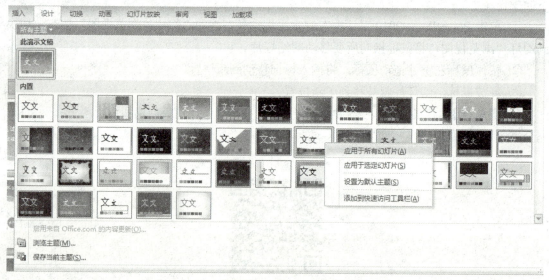

图 3-18　"聚合"主题应用于所有幻灯片

（3）选中第一张幻灯片，选择"开始"选项卡，设置标题"水的形成过程"字体为"华文新魏""蓝色"；设置副标题"——循环过程"字体为"隶书"。

（4）选中标题"水的形成过程"文本框，将文字"居中"对齐。单击"段落"组中的"对齐文本"，在下拉菜单中选择"中部对齐"。效果如图 3-19 所示。

（5）选中第二张幻灯片，单击"单击此处添加备注"处，输入文字："江河湖海的水面，以及土壤和动、植物的水分，随时蒸发到空中变成水汽。水汽进入大气后，成云致雨，或凝聚为霜露，然后又返回地面，渗入土壤或流入江河湖海。以后又再蒸发（汽化），再凝结（凝华）下降。周而复始，循环不已。"效果如图 3-20 所示。

图 3-19 设置对齐方式后的效果图

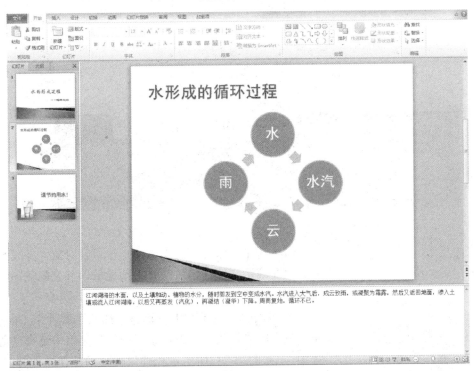

图 3-20 添加备注后的效果图

（6）选中第三张幻灯片，选择图片，选择"格式"选项卡，单击"大小"组中的"裁剪"按钮，在下拉菜单中选择"裁剪为形状"，在"星与旗帜"组中选择"波形"，如图 3-21 所示。

信息技术基础——案例与习题(下)

修改效果如图 3-22 所示。

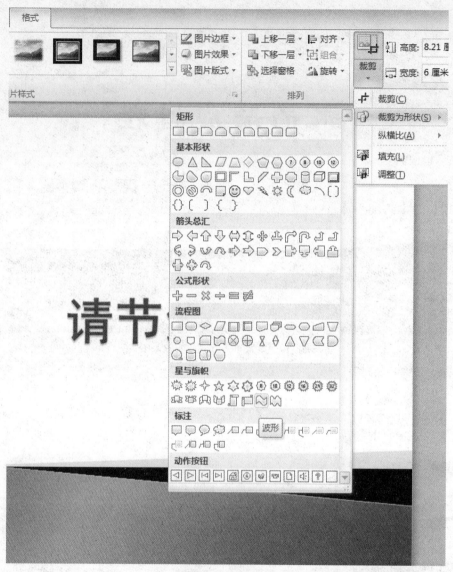

图 3-21　裁剪图片

图 3-22　裁剪图片后的效果图

（7）在第一张幻灯片中添加一个声音对象，并设置此声音对象在演示文稿开始放映时自动播放，并且隐藏图标，单击鼠标将自动停止。

① 选中第一张幻灯片，选择"插入"选项卡，单击"媒体"组中的"音频"向下按钮，在下拉菜单中选择"剪贴画音频"，如图 3-23 所示，在弹出的任务窗格中选择"Claps Cheers，鼓掌欢迎"，在第一张幻灯片中就会添加一个"声音"图标。

- 210 -

图 3-23　添加"剪贴画音频"

②　选中声音图标，选择"播放"选项卡，设置"音频选项"组中的"开始"为"跨幻灯片播放"，并选中"循环播放，直到停止"和"放映时隐藏"两个复选框，如图 3-24 所示，调整声音图标的位置至左下角。第一张幻灯片效果如图 3-25 所示。

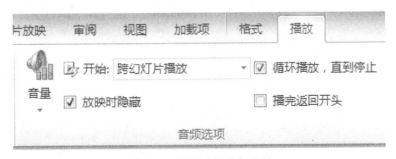

图 3-24　设置"播放"选项

（8）选择"文件"命令，在下拉菜单中选择"打印"，并设置打印份数为"3"份，幻灯片的页码范围为"2"，即只打印第二张，打印版式为"备注页"，具体设置如图 3-26 所示，单击"打印"按钮。

图 3-25　第一张幻灯片效果图

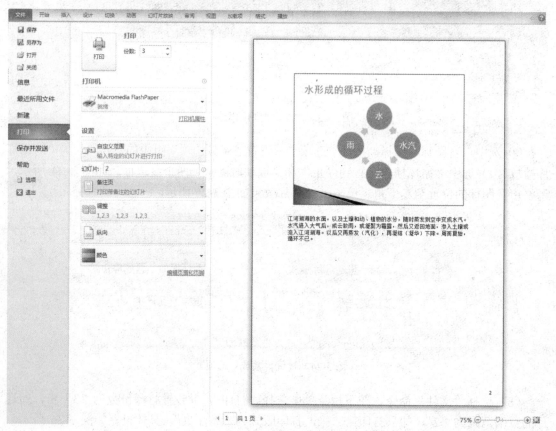

图 3-26　设置打印项

（9）保存演示文稿。

【任务总结】本任务主要练习演示文稿的字体设置、文本设置、图片格式设置，以及添加多媒体文件。

微课 3-3 编辑演示文稿

任务 3 演示文稿的高级应用

【任务目标】通过对素材文件的编辑，完成如图 3-27 所示的动画。

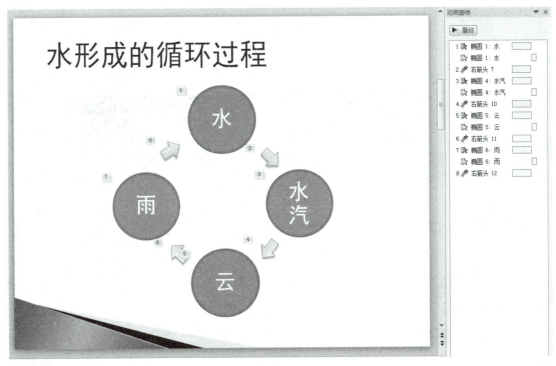

图 3-27 设置动画结果图

【任务分析】本任务依次设置幻灯片切换的换片效果和动画效果，然后放映演示效果，最后保存文档。

【知识准备】掌握 PPT 的幻灯片切换效果设置、动画效果设置的方法。

【任务实施】

1. 打开"任务3 素材.pptx"演示文稿

2. 设置幻灯片切换方式

（1）选中第一张幻灯片，选择"切换"选项卡，单击"切换到此幻灯片"组中的切换方式的下拉箭头，在下拉菜单中选择"细微型"组中的"随机线条"，如图3-28所示；设置"计时"组中的"声音"为"风铃"，如图3-29所示。

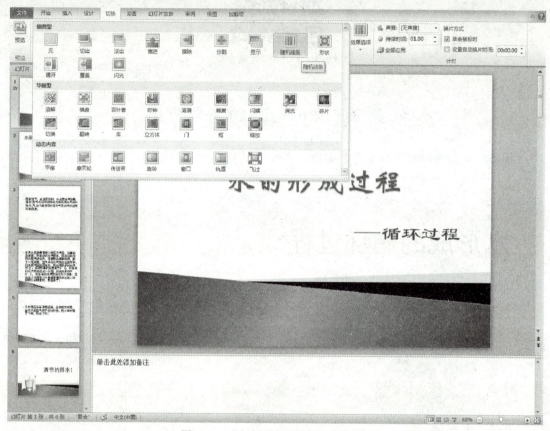

图 3-28 选择"随机线条"切换方式

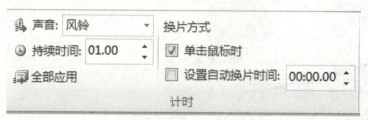

图 3-29 设置"声音"

（2）选中第二张幻灯片，选择"切换"选项卡，单击"切换到此幻灯片"组中的切换方式的下拉箭头，在下拉菜单中选择"华丽型"组中的"闪耀"；单击"效果选项"，在下拉菜单中选择"从下方闪耀的六边形"，如图3-30所示；设置"计时"组中的"持续时间"为"02.00"，如图 3-31 所示。

图 3-30　设置"效果选项"

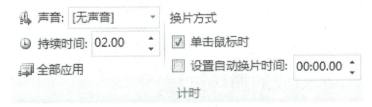

图 3-31　设置"持续时间"

（3）按住 Ctrl 键，同时选中第三、四、五 3 张幻灯片，选择"切换"选项卡，单击"切换到此幻灯片"组中的切换方式的下拉箭头，在下拉菜单中选择"细微型"组中的"揭开"；在"计时"组中的"换片方式"取消"单击鼠标时"复选框，设置"自动换片时间"为"00:02.00"，如图 3-32 所示。

图 3-32　设置"换片方式"

3．设置动画

（1）选中第二张幻灯片，选择圆形"水"，选择"动画"选项卡，单击"高级动画"组中的"添加动画"，在下拉菜单中选择"更多进入效果"，弹出"添加进入效果"对话框，选择"基本型"中的"百叶窗"，如图 3-33 所示，单击"确定"。

图 3-33 "添加进入效果"对话框

（2）选择"动画"选项卡，单击"高级动画"组中的"动画窗格"，启动"动画窗格"；在"动画窗格"中，选中当前动画，单击下拉箭头，选择"单击开始"，如图 3-34 所示。再次单击下拉箭头，选择"效果"选项，弹出当前动画的"百叶窗"对话框，选择"计时"选项卡，对"期间"设置为"中速（2 秒）"，如图 3-35 所示，单击"确定"。

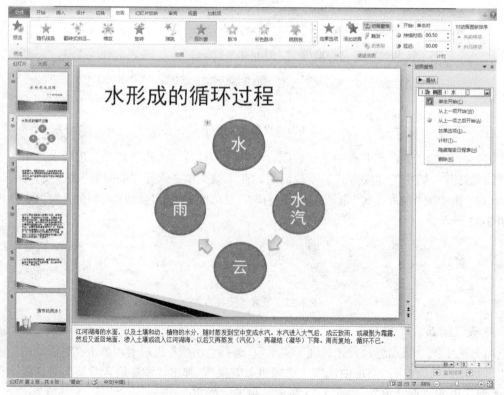

图 3-34 动画窗格

（3）单击动画窗格中的动画，选择"动画"选项卡，单击"高级动画"中的"添加动画"按钮，在下拉菜单中选择"强调"组中的"脉冲"。

（4）在"动画窗格"中，选中当前动画，单击"下拉箭头"，选择"从上一项之后开始"，再选择"效果选项"，弹出当前动画"脉冲"对话框；选择"计时"选项卡，对"开始"设置为"上一动画之后"，对"期间"设置为"非常快（0.5 秒）"，如图 3-36 所示，单击"确定"。

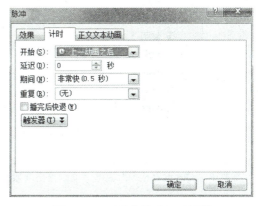

图 3-35　"百叶窗"对话框　　　　　　图 3-36　"百叶窗脉冲"对话框

（5）选中"水"和"水汽"之间的箭头，选择"动画"选项卡，单击"动画"组中的下拉箭头，选择"进入"组中的"弹跳"，如图 3-37 所示。

图 3-37　选择"弹跳"动画效果

（6）同时选中椭圆"水汽""云""雨"，与椭圆"水"设置相同的动画效果：进入效果为"百叶窗""单击开始""中速（2 秒）"；强调效果为"脉冲""从上一项之后开始"，设置后效果如图 3-38 所示。

（7）拖动"椭圆 4：水汽"的"脉冲"动画至"椭圆 4：水汽"的"百叶窗"动画后，拖动"椭圆5：云"的"脉冲"动画至"椭圆5：云"的"百叶窗"动画后，拖动"椭圆6：雨"的"脉冲"动画至"椭圆6：雨"的"百叶窗"动画，其效果如图3-39所示。

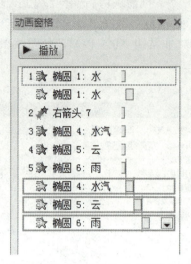

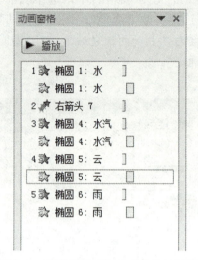

图3-38　同时设置三个对象的"动画窗格"效果　　　　图3-39　调整后的"任务窗格"效果图1

（8）为另外3个箭头添加动画："进入"组中的"弹跳""单击开始"，调整位置，效果如图3-40所示。

4. 放映幻灯片

选择"幻灯片放映"选项卡，单击"开始放映幻灯片"组中的"从头开始"，观看放映效果。

5. 保存演示文稿

【任务总结】本任务主要练习幻灯片的切换效果设置、动画设置。

图3-40　调整后的"任务窗格"图2　　　　　　微课3-4　演示文稿的高级应用

任务 4　使用母版创建统一风格的演示文稿

【任务目标】利用设计母版功能制作如图 3-41 所示的模板。再使用模板设计素材，完成图 3-42 所示的效果。

图 3-41　母版效果图

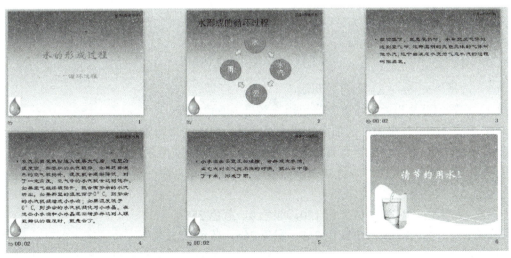

图 3-42　使用母版效果图

【任务分析】本任务先制作模板，然后使用自制的模板对素材进行设置，达到最终效果。
【知识准备】掌握演示文稿模板的制作方法，学会使用模板设计演示文稿。
【任务实施】

1. 设置母版

（1）启动 PowerPoint 2010，新建一个空演示文稿。

（2）选择"视图"选项卡，单击"母版视图"组中的"幻灯片母版"，进入幻灯片母版视图，如图 3-43 所示。

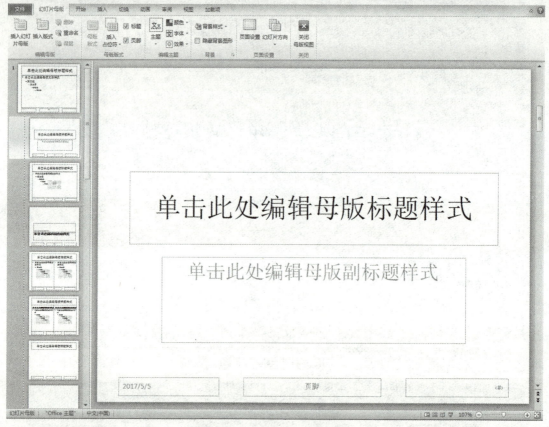

图 3-43   进入幻灯片母版视图

（3）选择"office 主题 幻灯片母版"。

（4）编辑幻灯片母版，设置背景色填充效果为双色渐变。

① 选择"幻灯片母版"选项卡，单击"背景"组中的"背景样式"，在下拉列表中选择"设置背景格式"，弹出"设置背景格式"对话框，如图 3-44 所示。

② 选择"填充"选项卡，选中"渐变填充"单选按钮，在"渐变光圈"分别设置停止点颜色为：

颜色 1：紫色，RGB 数值红色 150，绿色 0，蓝色 255；

颜色 2：白色，RGB 数值红色 255，绿色 255，蓝色 255。

操作技巧

设置颜色的方法：选择"颜色"，在下拉列表中选择"其他颜色"，如图 3-45 所示，在弹

項目 3　PowerPoint 2010 演示文稿软件

出的"颜色"对话框中选择"自定义"选项卡，设置"颜色模式"为"RGB"，按要求输入 RGB 数值，如图 3-46 所示，单击"确定"按钮。

图 3-44　"设置背景格式"对话框

图 3-45　选择"其他颜色"

③ 设置类型为"线性"，方向设置为"线性向下"，如图 3-47 所示，单击"关闭"按钮。

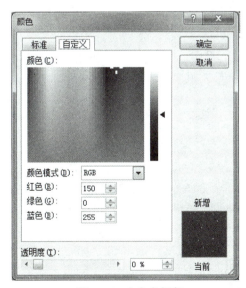

图 3-46　自定义颜色

图 3-47　选择填充"方向"

（5）将"母版标题样式"的字体设为"楷体"，字号设为"48"。将"母版文本样式"的字体设为"隶书"。

在幻灯片母版视图下选中标题文本"单击此处编辑母版标题样式"，选择"开始"选项卡，在"字体"组中设置字体为"楷体"，字号为"48"。

- 221 -

在幻灯片母版视图下选中文本"单击此处编辑母版文本样式"，选择"开始"选项卡，在"字体"组中设置字体为"隶书"，字号为"32"。

（6）插入剪贴画。选择"插入"选项卡，选择"图像"组中的"剪贴画"命令，在"剪贴画"任务窗格中的"搜索文字"中输入"水"，单击"搜索"，在搜索结果中选择合适的剪贴画图片插入，调整大小，移动到左下角。

（7）插入文本框。选择"插入"选项卡，单击"文本"组中的"文本框"，选择"横排文本框"，在右上角绘制文本框，输入文字"幻灯片母版示例"，效果如图 3-41 所示。

（8）关闭母版视图，将演示文稿保存为类型"PowerPoint 模板（*.potx）"，命名为"实训 3 母版.potx"。

① 单击"幻灯片母版"选项卡中的"关闭母版视图"按钮，返回普通视图。

② 选择"文件"菜单下的"保存"命令，在弹出的"另存为"对话框中的"保存类型"下拉列表框中选择"PowerPoint 模板（*.potx）"命令，输入文件名"任务 4 母版"，如图 3-48 所示，单击"保存"按钮。

图 3-48　保存为设计模板

微课 3-5　设计母版

2. 使用"任务 4 母版.potx"模板修饰

（1）打开"任务 4 素材.pptx"演示文稿。

（2）选择"设计"选项卡，单击"主题"组中的向下箭头，在下拉列表中选择"浏览主题"，弹出"选择主题或主题文档"对话框，选择"任务 4 母版.potx"，如图 3-49 所示，单击"应用"。

图 3-49　"选择主题或主题文档"对话框

（2）设置最后一张幻灯片。

① 选择最后一张幻灯片。

② 选择"设计"选项卡，在"主题"组中"波形"上单击鼠标右键，选择"应用于选定幻灯片"，如图 3-50 所示，效果如图 3-51 所示。

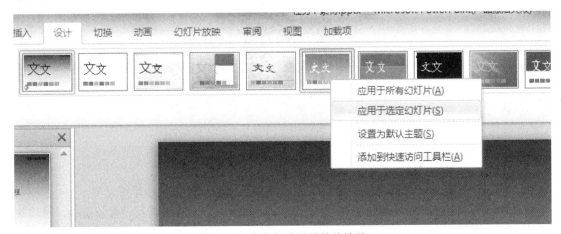

图 3-50　为幻灯片设置单独效果

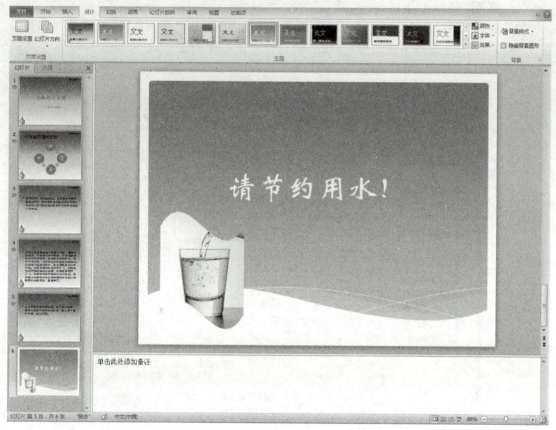

图 3-51　效果图 1

（3）保存演示文稿。

【任务总结】本任务主要练习演示文稿母版的设计与制作，以及使用模板设计的方法。

微课 3-6　使用母版编辑演示文稿

任务 5　幻灯片的放映

【任务目标】对素材设置超链接和动作按钮，并设置幻灯片放映和排练计时。

【任务分析】本任务先对素材进行插入超链接，再制作动作按钮以及设置超链接，最后放映幻灯片。

【知识准备】PPT 动作按钮的使用方法，超链接的设置，演示文稿的放映。

【任务实施】

1. 打开"任务 5　素材.pptx"演示文稿

2. 设置超链接

（1）选择第二张幻灯片。

（2）选中"云"和"雨"之间的箭头，选择"插入"选项卡，单击"链接"组中的"超链接"，弹出"插入超链接"对话框。

（3）在"链接到"中选择"本文档中的位置"，在"请选择文档中的位置"中选择"幻灯片 5"，如图 3-52 所示，单击"确定"按钮。

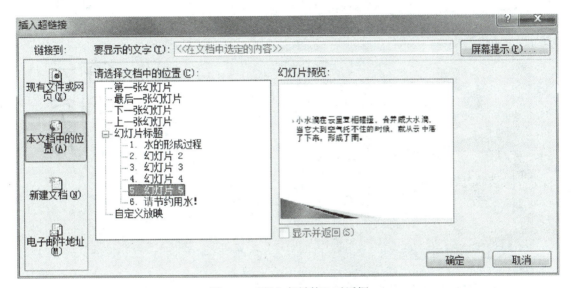

图 3-52　"插入超链接"对话框

（4）在第 5 张幻灯片上添加"回到循环"动作按钮。

① 选中第 5 张幻灯片，选择"插入"选项卡，单击"插图"组中的"形状"按钮，在下拉菜单中的"动作按钮"组中选"动作按钮：自定义"，如图 3-53 所示。按钮上的图形都是常用的易理解的符号，如左箭头表示上一张，右箭头表示下一张，此外还有表示链接到第一张、最后一张等的按钮。将光标移动到幻灯片对话框中，光标会变成十字形状，按下鼠标并在对话框中拖动，画出所选的动作按钮。释放鼠标，这时"动作设置"对话框自动打开。

② 在"动作设置"对话框中选择"超链接到"单选按钮，单击向下箭头，在下拉列表中选择"幻灯片"，弹出"超链接到幻灯片"对话框，选择"幻灯片 2"，如图 3-54 所示。

③ 单击"确定"，完成了动作按钮的超链接设置。

④ 在按钮上单击鼠标右键，选择"编辑文字"，输入文字"回到循环"，调整大小和位置。效果如图 3-55 所示。

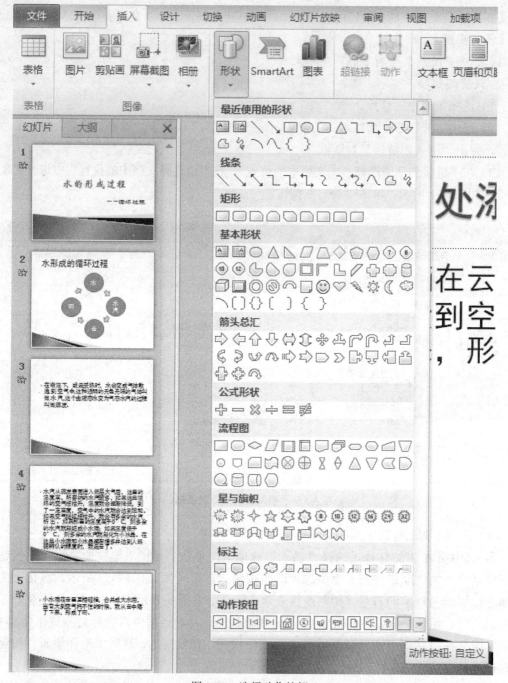

图 3-53　选择动作按钮

3. 保存并放映幻灯片，观看其效果

（1）选择"文件"菜单栏下的"保存"命令，或者选择"文件"菜单栏下的"另存为"命令，在"另存为"对话框中输入"任务 5 结果.pptx"。

（2）单击对话框左下方的"从当前幻灯片开始放映"按钮或按下快捷键 F5 启动幻灯片放映视图来预览演示文稿。

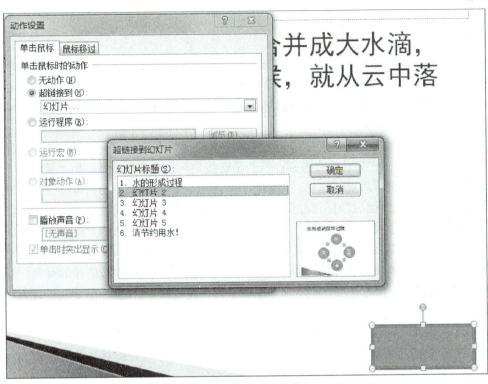

图 3-54　设置"超链接"

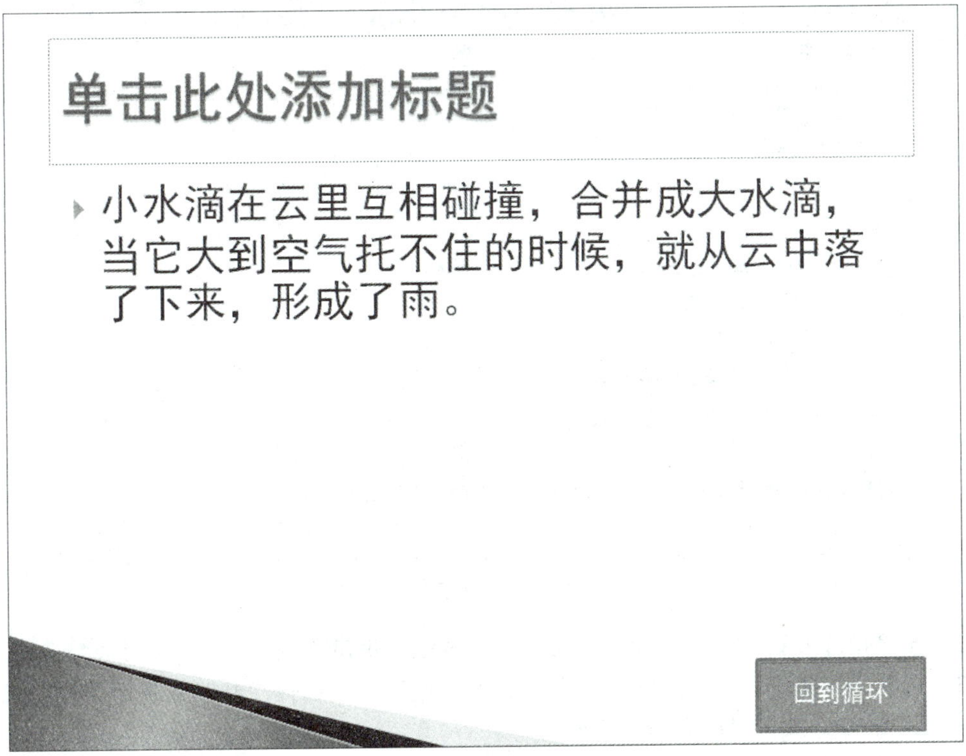

单击此处添加标题

▶ 小水滴在云里互相碰撞，合并成大水滴，当它大到空气托不住的时候，就从云中落了下来，形成了雨。

回到循环

图 3-55　最终效果图

（3）在放映幻灯片时，要注意其中一个超链接、一个动作的使用。

操作技巧

（1）放映幻灯片，当鼠标在带下画线的文字上经过时，光标变成了小手的形状，表示这里已经有了链接动作。单击鼠标，跳到了第 5 张幻灯片。

（2）动作按钮是一个图形对象，我们除了可以调整按钮的大小、形状和颜色以外，还可以利用"绘图"工具栏对其进行格式设置。

（3）现在有两种办法建立超链接：一个是用超链接，一个是用动作设置。如果是链接到幻灯片、Word 文件等，它们没什么差别；但若是链接到网页、邮件地址，用"超链接"就方便多了，而且可以设置屏幕提示文字。但动作设置也有自己的好处，比如可以很方便地设置声音响应，还可以在鼠标经过时引起链接反应。总之，这两种方式的链接各有千秋。如果要删除超链接：首先选中被链接的对象，然后选择"插入"选项卡，选择"链接"组中的"超链接"命令，弹出"编辑超链接"对话框，单击"删除链接"按钮，或者单击鼠标右键，选择"取消超链接"菜单项就可以了。如果要删除动作设置：首先选中被链接的对象，然后单击鼠标右键，选择"取消超链接"菜单项，或者选择"超链接"，在弹出的"动作设置"对话框中选择"无动作"单选钮。

4. 设置放映方式为手动换片，尝试放映时不加动画选项时的效果

（1）选择"幻灯片放映"选项卡，选择"设置"组中的"设置幻灯片放映"命令，弹出"设置放映方式"对话框，如图 3-56 所示。

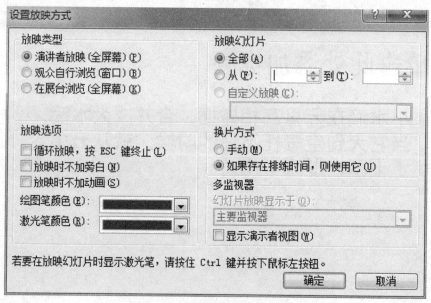

图 3-56 "设置放映方式"对话框

（2）在"换片方式"框中选择"手动"单选按钮，单击"确定"。

（3）选择第一张幻灯片，选择"幻灯片放映"选项卡，选择"开始放映幻灯片"组中的"从头开始"命令，或按"F5"键观看幻灯片。

（4）利用上面的方法打开"设置放映方式"对话框，在"放映选项"框中选中"放映时不加动画"，单击"确定"按钮，按"F5"键观看幻灯片。

5．设计排练时间

（1）选择"幻灯片放映"选项卡，单击"设置"组中的"排练计时"按钮。系统进入全屏放映模式，同时在屏幕的左上角出现如图 3-57 所示的"录制"对话框。

图 3-57　"录制"对话框

（2）用户正常操作幻灯片的放映，直到结束放映，系统自动弹出如图 3-58 所示的对话框，在对话框中有幻灯片放映的时间。单击"是"按钮。

图 3-58　"幻灯片"放映时间显示

选择"文件"菜单栏下的"保存"命令，或者选择"文件"菜单栏下的"另存为"菜单项，在"另存为"对话框中输入"实训 5 结果"。

【任务总结】本任务练习了 PPT 动作按钮的使用方法、超链接的设置、演示文稿的放映。

微课 3-7　幻灯片的放映

任务 6　自定义放映

【任务目标】当一个演示文稿中包含多张幻灯片，而针对某些观看对象又不能全部放映时，可使用 PowerPoint 2010 中提供的"自定义放映"功能，将需要放映的幻灯片重新组合起来并命名，组成一个新的适合观看的整体演示文稿。本项目主要完成自定义放映幻灯片的设置练习。

【任务分析】本任务先对素材进行自定义放映设置，然后查看设置结果。

【知识准备】学会幻灯片自定义放映的设置。

【任务实施】

1．打开"任务 6 素材.pptx"演示文稿

2．放映幻灯片

选择"幻灯片放映"选项卡，单击"开始放映幻灯片"组中的"从头开始"按钮或按下

快捷键 F5 启动幻灯片放映视图来预览演示文稿。

3. 自定义放映幻灯片

（1）设置自定义放映，只放映第 1、2、6 张幻灯片。

① 选择"幻灯片放映"选项卡，选择"开始放映幻灯片"组中"自定义幻灯片放映"，在下拉菜单中选择"自定义放映"命令，弹出"自定义放映"对话框，如图 3-59 所示。

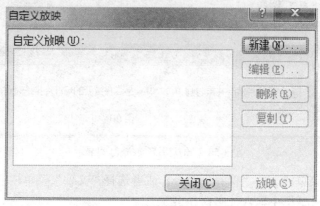

图 3-59 "自定义放映"对话框

② 单击"新建"按钮，弹出如图 3-60 所示的"定义自定义放映"对话框。

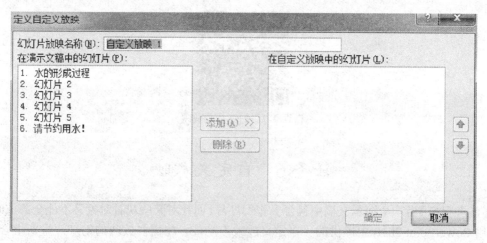

图 3-60 "定义自定义放映"对话框

③ 在"幻灯片放映名称"中输入文字"水的循环精简版"，从"在演示文稿中的幻灯片"列表中选择第 1 张幻灯片，单击"添加"按钮，可将选中的幻灯片添加到"在自定义放映中的幻灯片"列表框中。利用同样的方法把第 2 张、第 6 张幻灯片按顺序添加，如图 3-61 所示。

（2）单击"确定"按钮，屏幕回到"自定义放映"对话框，单击"放映"按钮，查看幻灯片放映效果。

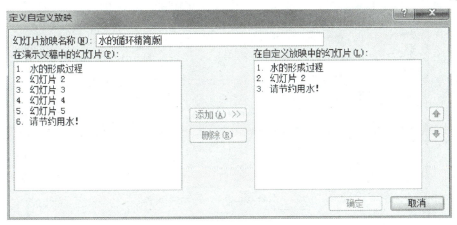

图 3-61　设置完成的"定义自定义放映"对话框

（3）放映后单击"关闭"按钮，即可关闭"自定义放映"对话框。

（4）选择"幻灯片放映"选项卡，选择"开始放映幻灯片"组中的"自定义幻灯片放映"，在下拉菜单中选择"水的循环精简版"，如图 3-62 所示，查看放映效果。

4. 保存演示文稿

操作技巧

在放映过程中，有时需要对幻灯片的内容进行标注。可以使用快捷菜单的"指针选项"功能来进行墨迹标注。

【任务总结】通过本任务的练习，完成自定义放映幻灯片的设置。

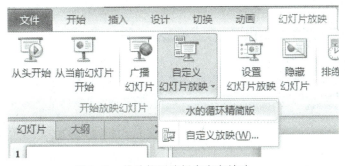

图 3-62　从功能区选择自定义放映

微课 3-8　自定义放映

任务 7　个性化设置

【任务目标】通过设置 PPT 选项，设置用户个人风格的文档。

【任务分析】本项目要求设置 PPT 选项，然后保存文档。

【知识准备】熟悉 PPT 选项的各项功能及熟练掌握 PPT 选项的设置方法。

【任务实施】

1. 打开"任务 7 素材.pptx"演示文稿

2. 打开 PowerPoint 2010 的"选项"对话框

选择"文件"菜单下的"选项"命令，弹出"选项"对话框，如图 3-63 所示。

图 3-63 "选项"对话框

3. 设置演示文稿放映结束时，直接回到编辑状态，而不以黑幻灯片结束

在"选项"对话框中，选择"高级"选项卡，在"幻灯片放映"组中取消"以黑幻灯片结束"前的复选框，如图 3-64 所示。

图 3-64 取消"以黑幻灯片结束"选项

4. 设置"最近使用文件"只显示最近使用过的 6 个文件名

（1）在"选项"对话框中，选择"高级"选项卡，在"显示"列表中的"显示此数目的 '最近使用的文档'"设置成"25"，如图 3-65 所示，单击"确定"。

图 3-65　"高级"选项卡设置

（2）选择"文件"菜单栏下的"最近所用文件"命令，出现如图 3-66 所示的界面。

图 3-66　"最近所用文件"列表

5. 设置软件能每隔 10 分钟保存自动恢复信息

在"选项"对话框中，选择"保存"选项卡，选中"保存演示文稿"列表中的"保存自动恢复信息时间间隔"复选框，并选择"10"分钟，如图 3-67 所示。

6. 设置默认文件位置为 E 盘根目录

在"选项"对话框中，选择"保存"选项卡，在"保存演示文稿"列表中的"默认文件位置"下的文本框中输入"E:\"。当选择"文件"菜单下的"保存"命令时，系统的默认文件保存位置为 E 盘，如图 3-67 所示。

图 3-67　设置"保存自动恢复信息时间间隔"和"默认文件位置"

7. 设置打开密码为"123456"

（1）选择"开始"菜单下的"信息"命令，选择"保护演示文稿"，选择下拉菜单中"用密码进行加密"，弹出"加密文档"对话框，在"密码"对话框中输入"123456"，如图 3-68 所示。

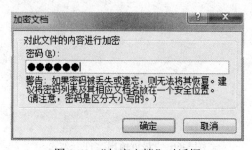

图 3-68　"加密文档"对话框

（2）根据提示输入确认密码。

（3）再次打开"任务 7 素材.ppt"，弹出如图 3-69 所示的打开文件"密码"对话框，输入打开文件密码，单击"确定"按钮，打开文档。

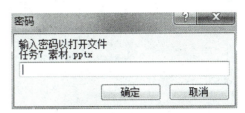

图 3-69　打开文件"密码"对话框

8. 设置"编辑选项"中的内容，修改软件最多可取消操作数为 15

在"选项"对话框中，选择"高级"选项卡，在"编辑选项"的"最多可取消操作数"后的列表框中选择"15"，如图 3-70 所示。

图 3-70　"编辑选项"设置

9. 设置"给打印的幻灯片加边框"

在"选项"对话框中，选择"高级"选项卡，选中"打印此文档时"的"使用以下打印设置："单选按钮，选中"给幻灯片加框"复选框，如图 3-71 所示。

10. 单击"确定"按钮，保存对 PowerPoint 2010 的设置

在"选项"对话框中还包括很多对软件的设置，读者可以根据自身需要设置这些选项。

【任务总结】本任务主要练习设置 PowerPoint 2010 选项，设置用户个人风格的文档。

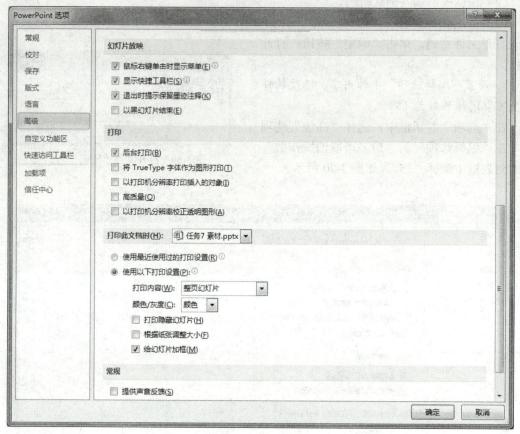

图 3-71 "打印"设置

微课 3-9 个性化设置演示文稿

任务8 打印演示文稿

【任务目标】通过本任务，熟练掌握演示文稿的页面设置、打印及打包演示文稿的过程。

【任务分析】本任务要求对素材进行页面设置，然后设置打印项进行打印，最后打包演示文稿。

【知识准备】学会演示文稿的页面设置，掌握设置打印项打印的方法以及打包演示文稿的过程。

【任务实施】

1. 打开"任务 8 素材.pptx"演示文稿

2. 进入页面设置

选择"设计"选项卡，选择"页面设置"组中的"页面设置"命令，弹出如图 3-72 所示的"页面设置"对话框。

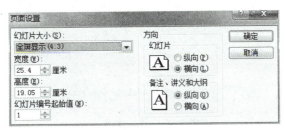

图 3-72 "页面设置"对话框

在"幻灯片大小"下的组合框中选择"全屏显示（4:3）"，在"幻灯片"下的选项中选中"横向"，在"备注、讲义和大纲"下的选项中选中"纵向"，单击"确定"按钮，关闭"页面设置"对话框。

3. 进入打印设置

（1）选中第一张幻灯片，选择"文件"菜单下的"打印"命令，根据要求，第一张幻灯片只打印两份，在"设置"中选择"打印当前幻灯片"，在"打印份数"组合框中选择"2"；单击"整页幻灯片"右侧的下拉箭头，选中"幻灯片加框"前的复选框。单击"打印"按钮，如图 3-73 所示。

图 3-73 设置打印项

（2）利用同样的方法再次打开"打印"对话框，在"设置"中选择"自定义范围"，并在其后的"幻灯片"文本框中输入"2-4"，在"打印份数"组合框中选择"3"；单击"整页幻灯片"右侧的下拉箭头，选中"幻灯片加框"前的复选框。单击"打印"按钮。

4. 打包演示文稿

（1）单击"文件"菜单下的"保存并发送"，选择"将演示文稿打包成 CD"，单击"将演示文稿打包成 CD"命令按钮，如图 3-74 所示。弹出"打包成 CD"对话框，如图 3-75 所示。

图 3-74 "保存并发送"列表

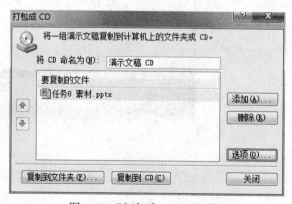

图 3-75 "打包成 CD"对话框

（2）单击"添加文件"按钮，可以选择想要打包成 CD 的演示文稿。

（3）单击"选项"按钮，弹出如图 3-76 所示的"选项"对话框。

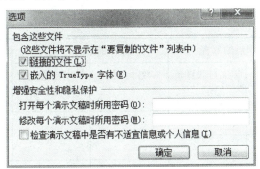

图 3-76　"选项"对话框

在"选项"对话框中可以设置包含哪些文件和打开及修改文件的密码等选项，单击"确定"按钮返回。

（4）单击"复制到文件夹"按钮，弹出如图 3-77 所示的"复制到文件夹"对话框。

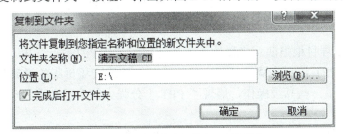

图 3-77　"复制到文件夹"对话框

在此对话框中可以输入新的文件夹的名称和位置，可以是我们的 U 盘，或其他存储设备。

5．保存并关闭 PowerPoint 2010 软件

选择"文件"菜单下的"保存"命令，或者选择"文件"菜单下的"另存为"命令，在"另存为"对话框中输入"任务 8　打印演示文稿"。单击"关闭"按钮。

操作技巧

（1）在打印设置中，如果需要打印的页号是连续的，例如第 4 页到第 6 页，可以输入"4-6"即可，若只打印第 4 张和第 6 张幻灯片，则输入"4，6"。

（2）在打印内容一栏中，除了可以打印幻灯片以外，还可以选择讲义、大纲、备注等不同内容。

【任务总结】本任务主要练习演示文稿的页面设置、打印及打包演示文稿的过程。

微课 3-10　打印演示文稿

【项目评价】

项目评价如表 3-1 所示。

表 3-1　项目评价

任务	相关知识点的掌握		操作的熟练程度		完成的结果	
	教师评价	学生自我评价	教师评价	学生自我评价	教师评价	学生自我评价
任务一						
任务二						
任务三						
任务四						
任务五						
任务六						
任务七						
任务八						

【项目小结】本项目根据演示文稿的基本功能完成了从 PPT 演示文稿的创建与保存，PPT 演示文稿的编辑，PPT 演示文稿的打印、放映，PPT 演示文稿母版的设计与使用方法等一系列任务，同时包含了一些高级操作，展现了 PPT 十分强大的演示文稿处理功能。

【练习与思考】

（1）选取一门课程的一个章节制作一份完整的课件。

（2）使用模板制作一份精美的培训文稿。

项目 4

数据库交互

【项目描述】数据库是计算机信息系统与应用程序的重要基础。它实现信息结构化存储，从而实现信息的快速查询、检索和数据的统计等功能。数据库与计算机网络相结合，在人们的学习、工作、生活等方面得到了越来越广泛的应用。本单元将以 Access 2010 为例，对数据库技术进行基本介绍和训练。

【项目分析】使用 Access 2010 创建数据库和数据表，并完成数据表的相关操作，再执行查询等操作。

【相关知识和技能】创建数据库，创建数据库表，创建表关系，创建查询，执行查询。

任务 1　创建数据库

【任务目标】本任务将建立一个包含 3 个数据表的"产品"数据库。3 个数据表的表结构如表 4-1～表 4-3 所示，数据表之间的关系如图 4-1 所示。

表 4-1　产品表结构

字段名称	数据类型	字段大小	其他选项
产品编号	自动编号	长整型	必需、主键、有索引
产品代码	文本	50	默认
产品名称	文本	50	默认
标准成本	货币	格式为货币	小数位数自动
列出价格	货币	格式为货币	小数位数自动
单位数量	文本	30	必需、主键、有索引
中断	是/否		
类别	文本	50	查阅显示控件：列表框； 行来源类型：值列表； 行来源：饮料、调味品、果酱、干果和坚果、水果和蔬菜罐头、焙烤食品、肉罐头、汤、点心、谷类/麦片、意大利面食、奶制品、谷类、土豆片/快餐； 默认值：饮料； 允许多值：否
库存	数字	长整型	默认

表 4-2　采购订单表结构

字段名称	数据类型	字段大小	其他选项
ID	自动编号	长整型	必需、主键、有索引
采购订单编号	数字	长整型	默认
产品编号	数字	长整型	默认
数量	数字	长整型	默认
单位成本	货币	格式为货币	小数位数自动
接收日期	日期/时间	长日期	默认
转入库存	是/否		默认

表 4-3　订单表结构

字段名称	数据类型	字段大小	其他选项
ID	自动编号	长整型	必需、主键、有索引
订单编号	数字	长整型	默认
产品编号	数字	长整型	默认
数量	数字	长整型	默认
单价	货币	格式为货币	小数位数自动
折扣	数字	单精度型	默认
状态	文本	50	查阅显示控件：列表框； 行来源类型：值列表； 行来源：新增、已开票、已发货、已关闭； 默认值：新增； 允许多值：否。
分派日期	日期/时间		

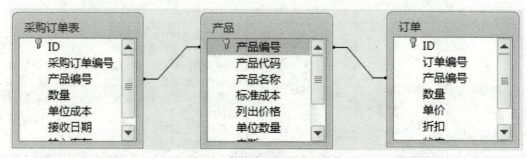

图 4-1　数据表之间的关系结构

【任务分析】本任务要求读者首选创建一个"产品"数据库，并按照表 4-1～表 4-3 所示在"产品"数据库中分别建立"产品""采购订单""订单"表，然后建立如图 4-1 所示的数据表之间的关系。

【知识准备】掌握数据库表的设计方法，数据库表之间关系的建立方法，数据库表中增加、修改和删除记录的方法。

【任务实施】

1. 创建"产品"数据库

（1）启动 Microsoft Access 2010。

（2）在模板中选择"空数据库"，单击对话框右侧"文件名"区域中的选择文件夹按钮，选择储存数据文件的路径，并命名为"产品"，单击"确定"按钮，然后再单击"创建"按钮。

2. 创建数据表

（1）单击"单击以添加"下拉按钮，按表 4-1 所示在列表中选择字段的数据类型，然后输入字段名称，按回车键后，自动定位至下一字段。

（2）重复上一步骤，直至添加完数据表中的所有字段。

（3）保存表结构，系统弹出"另存为"对话框，在对话框中输入数据表名称"产品"后，单击"确定"按钮。

（4）进入数据表的设计视图，如图 4-2 所示。按表 4-1 所示修改各字段的选项设置，然后保存。

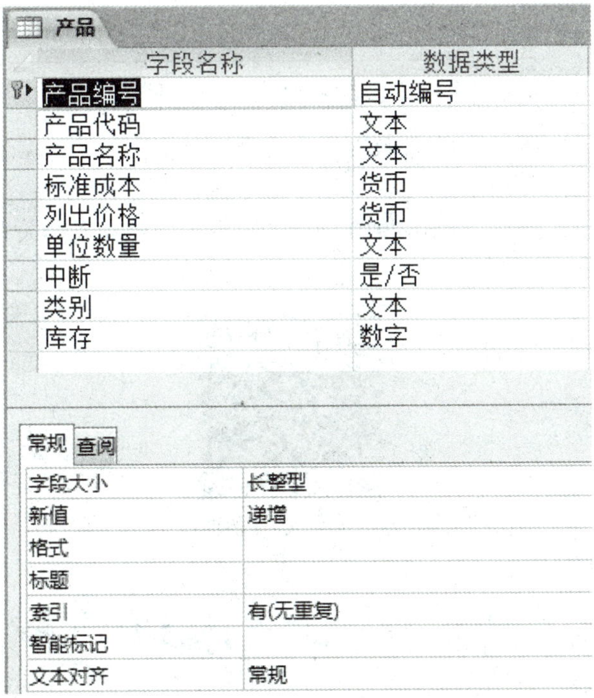

字段名称	数据类型
产品编号	自动编号
产品代码	文本
产品名称	文本
标准成本	货币
列出价格	货币
单位数量	文本
中断	是/否
类别	文本
库存	数字

常规　查阅

字段大小	长整型
新值	递增
格式	
标题	
索引	有(无重复)
智能标记	
文本对齐	常规

图 4-2　数据表的设计视图

（5）重复上述步骤，分别按表 4-2、表 4-3 所示建立"采购订单""订单"数据表。

3. 创建关系

（1）在"数据库工具"选项卡的"关系"组中，单击"关系"按钮，进入"关系"对话框。

（2）添加"采购订单""产品""订单"数据表，如图4-3所示。

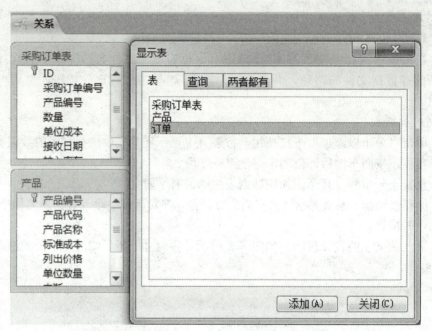

图4-3　在"关系"对话框中添加数据表

（3）在"关系"对话框中，选中数据表中的字段，拖至另一数据表中的相同字段上，释放鼠标左键，建立如图4-1所示的关系。

【任务总结】本任务使用Access 2010创建数据库表，建立表间关系，以及完成数据的录入等操作。

微课4-1　创建数据库

任务2　创建并执行查询

【任务目标】本项目将使用选择查询功能在"产品"数据库找出库存大于50的产品，如图4-4所示。然后根据采购数量和销售数量更新"产品"数据表中的库存数据。

产品编号 ▾	产品代码 ▾	产品名称 ▾	标准成本 ▾	列出价格 ▾	单位数量 ▾	中断 ▾	类别 ▾	库存 ▾
1	mw1	虾条	¥1.00	¥2.00	每箱30包	☐	食品	50
2	mw2	巧克力	¥1.50	¥3.00	每箱40条	☐	食品	5
3	mw3	营养麦片	¥6.00	¥18.00	每箱10袋	☐	面食	55
4	mw4	玉米片	¥5.00	¥15.00	每箱24包	☐	点心	60
5	mw5	白米	¥3.00	¥10.00	每袋3公斤	☐	粮食	120
6	mw6	葡萄干	¥2.00	¥10.00	每包500克	☐	干果	60
7	mw7	绿茶	¥4.00	¥20.00	每箱20包	☐	饮料	200
8	mw8	柳橙汁	¥10.00	¥30.00	每箱24瓶	☐	饮料	245
9	mw9	番茄酱	¥4.00	¥20.00	每箱12瓶	☐	调味品	50
10	mw10	虾米	¥8.00	¥35.00	每袋3公斤	☐	海鲜	80
11	mw11	桃子	¥8.00	¥20.00	每箱10公斤	☐	水果	5

记录: ◀ 第 1 项(共 11 项 ▶ ▶▶ ▷ 无筛选器   搜索

图 4-4 原始数据

【任务描述】本任务首先要求读者在 SQL 视图中使用 SQL 语句检索出库存量大于"50"的产品；根据采购订单中的数量和订单中的数量更新"产品"数据表中的库存数据。其中："产品"数据表中的库存＝"产品"数据表中的库存+采购订单中的数量–订单中的数量。

【知识准备】选择查询建立方法，更新查询建立方法。

【任务实施】

1. 在 SQL 视图中编写 SQL 查询语句

（1）在"创建"选项卡的"查询"功能组中，单击"查询设计"按钮，如图 4-5 所示。关闭"显示表"对话框。

（2）在"查询工具"→"设计"选项卡的"结果"组中，单击"SQL 视图"下拉按钮，选择"SQL 视图"，如图 4-6 所示。

（3）在 SQL 视图输入 SQL 语句，并保存为"查询库存超过 50 的产品"，如图 4-7 所示。

2. 执行查询

（1）在"查询工具"→"设计"选项卡的"结果"组中，单击"运行"按钮，如图 4-8 所示。

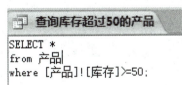

图 4-5 启动查询设计　　图 4-6 进入 SQL 视图　　图 4-7 输入 SQL 语句　　图 4-8 运行 SQL 查询

（2）查看检索结果，如图 4-9 所示。

3. 建立更新查询

（1）在"创建"选项卡的"查询"组中单击"查询设计"按钮。

（2）在"显示表"对话框中添加"采购订单""产品""订单"数据表。

产品编号	产品代码	产品名称	标准成本	列出价格	单位数量	中断	类别	库存
1	mw1	虾条	￥1.00	￥2.00	每箱30包	☐	食品	50
3	mw3	营养麦片	￥6.00	￥18.00	每箱10袋	☐	面食	55
4	mw4	玉米片	￥5.00	￥15.00	每箱24包	☑	点心	60
5	mw5	白米	￥3.00	￥10.00	每袋3公斤	☑	粮食	120
6	mw6	葡萄干	￥2.00	￥10.00	每包500克	☐	干果	60
7	mw7	绿茶	￥4.00	￥20.00	每箱20包	☐	饮料	200
8	mw8	柳橙汁	￥10.00	￥30.00	每箱24瓶	☐	饮料	245
9	mw9	番茄酱	￥4.00	￥20.00	每箱12瓶	☐	调味品	50
10	mw10	虾米	￥8.00	￥35.00	每袋3公斤	☐	海鲜	80

图 4-9　查看检索结果

（3）单击"查询类型"组中的"更新"按钮。

（4）将"产品"数据表中的"库存"字段拖至查询设计网格的第 1 列。

（5）右击查询设计网格第 1 列的"更新列"选项，在弹出的快捷菜单中选择"生成器"命令。

（6）在"表达式生成器"对话框中，编辑更新表达式，单击"确定"按钮，如图 4-10 所示。

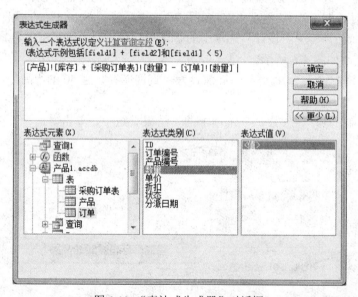

图 4-10　"表达式生成器"对话框

（7）在查询设计网格第 1 列的"条件"选项中右击，在弹出的快捷菜单中选择"生成器"命令。

（8）在"表达式生成器"对话框中编辑条件表达式，单击"确定"按钮，如图 4-11 所示。

（9）保存查询，并命名为"更新库存"，设计视图下的完成状态，如图 4-12 所示。

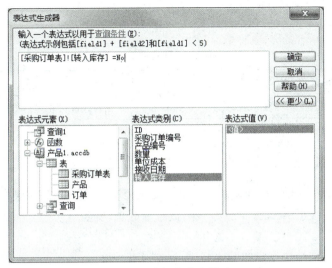

图 4-11　编辑条件表达式

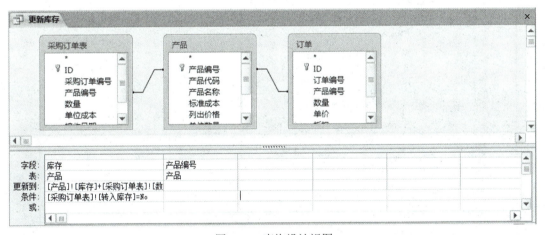

图 4-12　查询设计视图

4. 更新数据

（1）单击"结果"组中的"运行"按钮，提示即使更新记录，单击"确定"按钮更新数据。

（2）查看更新结果。

【任务总结】Access 的查询功能为查看和打印数据信息提供了一种灵活的方法。

微课 4-2　创建并执行查询

【项目评价】

项目评价如表 4-4 所示。

表 4-4　项目评价

任务	相关知识点的掌握		操作的熟练程度		完成的结果	
	教师评价	学生自我评价	教师评价	学生自我评价	教师评价	学生自我评价
任务一						
任务二						

【项目小结】 本项目根据 Access 的基本功能完成了数据库的创建和保存、数据表的操作、数据查询功能等，展现了 Access 十分强大的数据库处理功能。

【练习与思考】

根据数据表或查询结果生成如图 4-13 所示的报表。

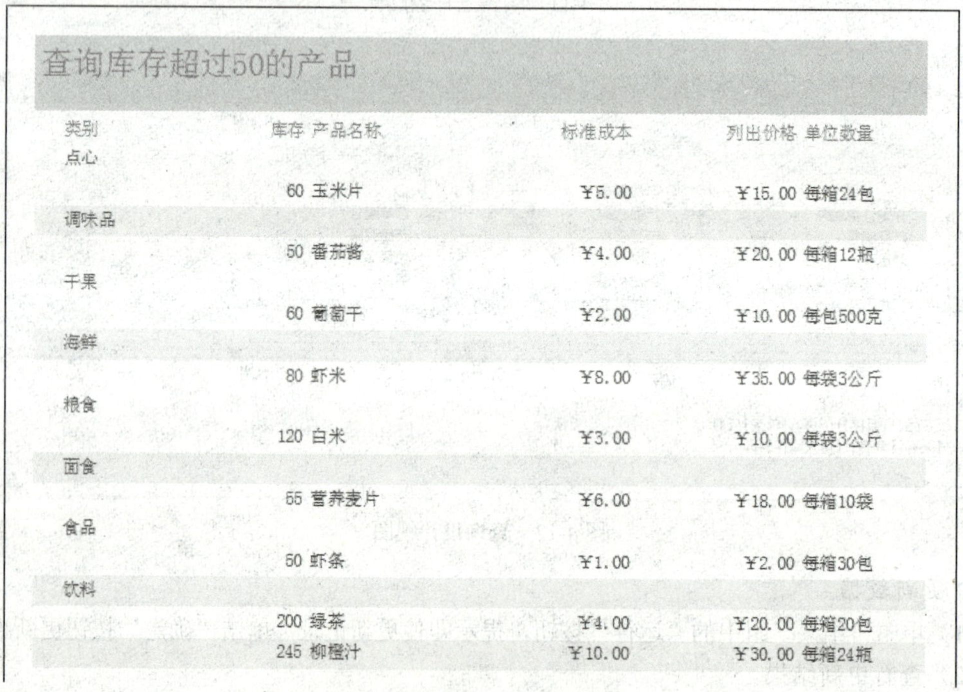

查询库存超过50的产品				
类别 点心	库存 产品名称		标准成本	列出价格 单位数量
	60 玉米片		￥5.00	￥15.00 每箱24包
调味品				
	50 番茄酱		￥4.00	￥20.00 每箱12瓶
干果				
	60 葡萄干		￥2.00	￥10.00 每包500克
海鲜				
	80 虾米		￥8.00	￥35.00 每袋3公斤
粮食				
	120 白米		￥3.00	￥10.00 每袋3公斤
面食				
	65 营养麦片		￥6.00	￥18.00 每箱10袋
食品				
	50 虾条		￥1.00	￥2.00 每箱30包
饮料				
	200 绿茶		￥4.00	￥20.00 每箱20包
	245 柳橙汁		￥10.00	￥30.00 每箱24瓶

图 4-13　项目任务生成的报表

综 合 习 题

一、Word 2010 文字处理（习题 Word 素材.docx）

1. 为文档中的各级标题添加样式。

（1）按照如下要求修改标题 1 样式，并将其应用到文档中的所有红色文本：

① 黑体，小三号字，加粗效果；

② 段前段后间距各 0.5 行，2 倍行距，并设置为与下段同页。

（2）按照如下要求修改标题 2 样式，并将其应用到文档中的所有蓝色文本：

① 黑体，四号字，加粗效果；

② 段前段后间距各 0.5 行，1.5 倍行距，并设置为与下段同页。

（3）按照如下要求修改标题 3 样式，并将其应用到文档中的所有绿色文本：

① 黑体，小四号字，加粗效果；

② 段前段后间距各 0.5 行，1.5 倍行距，并设置为与下段同页。

（4）按照如下要求创建名为"论文正文"的新样式，并将其应用到文档中的所有标题以外的正文文本：

① 宋体，小四号字；

② 段前段后间距各 0.5 行，首行缩进 2 字符。

2. 为各级标题添加自动编号。

（1）为文档的各级标题添加自动编号，编号格式为"第 1 章，1.1，1.1.1"，分别对应文档的标题 1、标题 2 和标题 3 样式；

（2）编号对齐左侧页边距，编号与标题文字之间使用空格。

3. 为文档分节并添加目录。

（1）为文档进行分节，使得封面、目录、各章内容以及参考文献都位于独立的节中，每节内容新起一页；

（2）为文档添加格式为"正式"的目录，目录中应包含 1 级到 3 级标题以及参考文献，参考文献须和 1 级标题在目录中为同一级别。

4. 为文档添加页眉和页脚。

（1）封面页不显示页眉，为目录页添加文本"目录"作为页眉，为各章内容所在页面添加所在章的编号和内容作为页眉，如"第 1 章 绪论"，为参考文献所在页面添加文本"参考文献"作为页眉，所有页眉须居中对齐；

（2）在文档的页脚正中添加页码，封面页不显示页码，目录页页码格式为"Ⅰ，Ⅱ，Ⅲ…"，并且页码从"Ⅰ"开始；从第 1 章开始的正文内容到参考文献，页码格式为"1，2，3…"，并且页码从 1 开始。

5. 创建及格式化表格。

（1）将第3章中题注"表1 2008—2009年不同类型设备上网比例比较"上方的5行文字转换为5行3列的表格，并将其设置为与页面同宽；

（2）为表格应用"浅色列表"样式，表格中所有文本水平居中对齐。

6. 保存文档。

（1）删除文档中的所有空行并更新目录；

（2）在桌面上创建以学生学号命名的文件夹；

（3）将文档以"Word文档（*.docx）"的格式保存副本，文件名为学生本人的学号，保存位置为步骤2所创建文件夹；

（4）将文档以"Pdf（*.pdf）"的格式保存副本，文件名为学生本人的学号，保存位置为步骤2所创建文件夹。

二、Excel 2010电子表格（习题Excel素材.xlsx）

1. 表格区域A1:C53格式。

（1）对数据区域应用内部和外部框线；

（2）对字段行应用"水绿色，强调文字颜色5，淡色80%"填充颜色；

（3）所有数据居中对齐；

（4）冻结表格的首行；

（5）对"日期"列中的数据应用"2001年3月14日"的数字格式；

（6）对"平均摄氏温度"列数据应用"红—黄—蓝色阶"的条件格式。

2. 数据查询。

（1）在单元格E3中建立"滚动条（窗体控件）"，该控件可以控制单元格E4中的数值，最小值设置为1，最大值设置为52，步长为1，页步长为8；

（2）在单元格E7中，应用VLOOKUP函数，根据单元格E4中的观测值序号，查询相应的日期；

（3）在单元格F7中，应用VLOOKUP函数，根据单元格E4中的观测值序号，查询相应的平均摄氏温度。

3. 数据分析及展示。

（1）从单元格E10开始，建立数据透视表，按月份统计摄氏平均温度的平均值；

（2）在E25:F34单元格区域中，建立数据透视图，图表类型为带数据标记的折线图，图表区的形状样式为"细微效果—水绿色，强调颜色5"，线型为平滑线，数据标记为大小为7的圆点，并将8月数据标记的填充颜色设置为红色；

（3）整体效果（参考样例）。

4. 设置工作表及输出数据。

（1）将工作表的名称更改为"年平均气温分析"；

（2）将工作簿的主题设置为"气候分析"；

（3）在桌面上创建以学生学号命名的文件夹；

（4）将工作表以"Excel工作簿（*.xlsx）"的格式保存副本，文件名为学生本人的学号，保存位置为步骤3所创建的文件夹。

三、PowerPoint 2010 演示文稿（习题 PPT 素材文件夹）

1. 设置主题及建立演示文稿内容。

（1）幻灯片大小：全屏显示（16:9）；

（2）背景颜色：渐变填充。预设颜色为"薄雾浓云"，类型为"线性"，角度为130度；

（3）页眉和页脚：插入自动更新的日期、幻灯片编号及页脚（内容为"ABC 公司介绍"）；

（4）标题幻灯片中不显示以上内容；

（5）演示文稿文本：文本素材——PPT 2007.txt。

2. 幻灯片 1。

（1）标题占位符：微软雅黑字体，32 号字，加粗及加阴影；

（2）图片：幻灯片 1—图片 1.png；

（3）整体效果（参考样本）。

3. 幻灯片 2。

（1）标题占位符：微软雅黑字体，44 号字，加粗；

（2）Smart Art 图形：

① 布局：垂直图片列表；

② 图片：幻灯片 2—图片 1、幻灯片 2—图片 2、幻灯片 2—图片 3；

③ 字体：微软雅黑；

④ 样式：强烈效果；

⑤ 颜色：彩色填充，强调文字颜色1；

⑥ 动画：单击时，自左侧逐个切入，速度非常快；

（3）整体效果（参考样本）。

4. 幻灯片 3。

（1）标题占位符：微软雅黑字体，44 号字，加粗；

（2）内容占位符：微软雅黑字体，32 号字；

（3）图片：幻灯片 3—图片 1.png；

（4）项目符号列表：幻灯片 3—图片 2.png；

（5）整体效果（参考样本）。

5. 幻灯片 4。

（1）标题占位符：微软雅黑字体，44 号字，加粗。

（2）图表：

① 图表区样式：细微效果——黑色，深色1；

② 数据系列样式：强烈效果——蓝色，强调颜色1；

③ 趋势线：指数类型，前推一个周期，红色，3磅粗，向右燕尾箭头。

（3）动画：单击时，自底部擦除的进入动画效果，速度非常快，按分类出现。

（4）整体效果（参考样本）。

6. 幻灯片 5。

艺术字：Arial 字体，96 号，加粗，样式为渐变填充，强调文字颜色1。

7. 播放及输出演示文稿。

（1）切换效果：向左下揭开，快速；

（2）换片方式：单击鼠标时换片；自动换片时间为 5 秒；

（3）在桌面上创建以学生学号命名的文件夹；

（4）将演示文稿以"PowerPoint 演示文稿（*.pptx）"的格式保存副本，文件名为学生本人的学号，保存位置为步骤 3 所创建的文件夹。